危险揭秘百

恐怖昆虫
大百科

[日]冈岛秀治/主编　李文娟/译　彭英传/审订

U0171629

二十一世纪出版社集团
21st Century Publishing Group

目　录

什么是昆虫呢?

昆虫是无脊椎动物（背侧没有脊柱的动物）中体表有硬壳（外骨骼）且身体分节的节肢动物。昆虫是陆地上最繁盛的动物群体。

身体分为三节

昆虫的身体分为头、胸、腹三部分。头部有复眼（由不定数量的小眼组成）、单眼、触角等，胸部有足和翅。

头

胸

触角

3个单眼

复眼

◀ **金环胡蜂的头**
金环胡峰用复眼看东西，用单眼辨明暗。

四片翅膀

大部分的昆虫成虫都有2对共4片翅膀，能在空中飞行。无脊椎动物中，只有昆虫会飞。

▲飞行中的食蚜蝇类昆虫。蝇类和虻类只有2片前翅，后翅退化成棒状（平衡棒）。平衡棒具有稳定和平衡身体的作用。

腹

前翅

后翅

六只足

大部分昆虫胸前有3对共6只足，除了用于爬行之外，有些昆虫的足还用来捕捉猎物和挖掘泥土。

 除昆虫以外的节肢动物

▲蜈蚣。蜈蚣的身体分为头部和长长的躯干，头部有1对共2根触角，躯干上有很多条腿。

▲白额高脚蛛。蜘蛛的身体分为头胸部和腹部，步足有8条。有单眼，无复眼。虽无触角，但有形似步足一样的短小器官，名为"触肢"。

昆虫大变身

昆虫通过脱掉外壳（脱皮）并形成更大的新外壳来进行生长。昆虫脱皮后会改变外部形态和内部结构，这种现象叫作"变态"。昆虫变态有几种模式，有些昆虫的幼虫和成虫在外形上变化很大，有些则非常相似。

完全变态

蝴蝶和独角仙从幼虫进入成虫阶段之前会变成蛹。一般情况下，虫蛹既不活动，也不进食，直到身体发育成熟，最后羽化为成虫。这种经历化蛹过程的变态现象叫作"完全变态"。

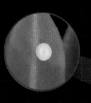

虫卵

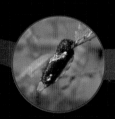

三龄幼虫
（脱皮2次之后的幼虫）

不完全变态

螳螂和蝗虫的幼虫从虫卵中孵化出来后，其形态和成虫基本相同。幼虫的翅膀较小，不能飞。幼虫通过多次脱皮直接发育为成虫，不经历化蛹羽化过程而直接发育为成虫的变态现象叫作"不完全变态"。

刚从虫卵中孵化出来的幼虫

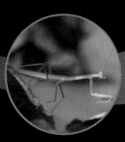

多次脱皮后的幼虫

▼柑橘凤蝶的生长。幼虫为毛毛虫形态，幼虫化蛹，蛹再羽化为蝴蝶破茧而出。

成虫

蛹

末龄幼虫
（化蛹前的幼虫）

成虫

▲螳螂的生长。孵化后的幼虫形态和成虫基本相同，都有像镰刀一样的前足。

无变态

衣鱼和石蛃等原始昆虫的幼虫和成虫形态相似，都没有翅膀。其他昆虫成为成虫后就不再脱皮，但衣鱼等昆虫发育为成虫后依然会脱皮。这种变态现象叫作"无变态"。

▲衣鱼

捕捉猎物的武器

有些肉食性昆虫以活体虫为食。为了更好地抓到活动中的猎物，它们的身体进化出了强有力的武器。

大颚

虎甲和蚁狮（蚁蛉的幼虫）等昆虫用锋利的大颚夹住猎物。蚁狮将大颚尖端刺入猎物体内并注入消化液。

▼用锋利的大颚死死夹住猎物的虎甲。

足

螳螂和负子蝽等昆虫有镰刀状的前足，能迅速抓住靠近的猎物。蝈蝈足上有长长的尖刺，能将猎物按住。

▲用镰刀状的前足快速抓住猎物的螳螂。

毒针

蜂类昆虫体内的毒针由产卵器演变而来。狩猎蜂将毒针扎入猎物体内并注入毒液，使猎物的身体无法动弹。它们捕食并不是为了自己，而是为了给幼虫寻找活体寄生场所和食物。

▶把虫卵产在碧凤蝶幼虫体内的姬蜂。

防御方法

昆虫是蜘蛛、鸟类等各种动物的捕食对象。为了不被吃掉，它们以各种惊人的方式来防御。

伪装骗敌

很多昆虫的颜色和花纹使它们能藏身于草木之中不被发现。它们有些外形酷似树叶、树枝或是其他有毒昆虫，能达到迷惑敌人以自保的效果。

有些蝴蝶和飞蛾的幼虫或成虫会露出身上的大眼斑纹来吓唬敌人。这种斑纹易被误认成雕或肉食动物的眼睛，敌人因此畏缩。

▲ 天蚕蛾。当它感到危险时就会张开翅膀露出后翅上的大眼斑纹。

使用武器

椿象和芫菁受到袭击时会释放出臭气或毒液来防身。毒蛾幼虫长着毒毛，金环胡蜂有强力毒针，但它们并不用这些武器来捕食，更多的是用来保护自己。

▶ 屁步甲受到袭击时，腹尾会喷射出约100 ℃的高温毒液。

◀ 叶蟪
它不仅姿态与树叶一样，甚至还能模仿树叶随风摆动的样子。

地球是属于昆虫的星球吗?

　　在地球上，昆虫族群遍布几乎所有地方，光是人类已知的昆虫种类就约有100万个。昆虫占地球上所有物种的四分之三左右。倘若再把尚未发现的物种算进来，昆虫种类可达1000万种，的确可以把地球称为昆虫的星球。

昆虫的分类

　　在约4亿年前，昆虫出现在了地球上。经过漫长的演变，昆虫进化出了大约100万个已知种类。根据昆虫的形态特征和变态方式等，大致可归为30大类（目）。

不完全变态
（翅膀可折叠）

 无变态
（没有翅膀）

 不完全变态
（翅膀不可折叠）

石蛃目
缨尾目
蜉蝣目
纺足目
竹节虫目
蜚蠊目
螳螂目
缺翅目
蛩蠊目
革翅目
襀翅目
缨翅目

蜻蜓目

直翅目

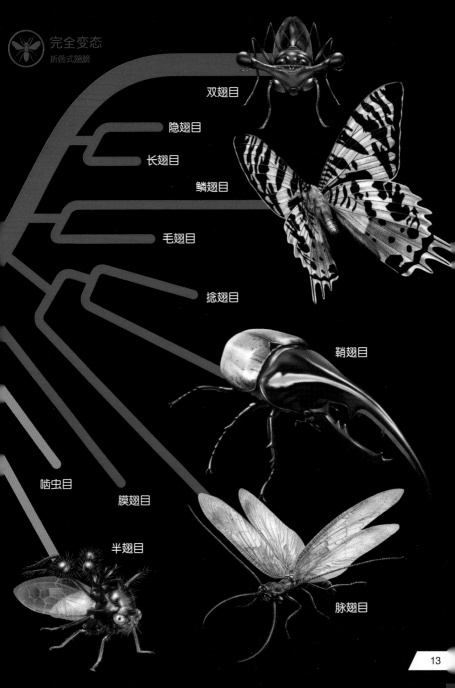

完全变态
折叠式翅膀

双翅目

隐翅目

长翅目

鳞翅目

毛翅目

捻翅目

鞘翅目

啮虫目

膜翅目

半翅目

脉翅目

13

本书的阅读方法

分类
表示昆虫所属的大类。

名字
昆虫的名字。有时是种名。

"恐怖"的程度（奇特性·稀有性·攻击性）
分别用五个级别来表示奇特性（外表的特异性）、稀有性（生态的稀有性）、攻击性（武器的强度）。离中心点越远，"恐怖"的程度越高。

发育方式
用图像来表示发育（变态）方式。

完全变态
经历幼虫、蛹、成虫三个发育阶段。用蜜蜂剪影表示。

不完全变态
幼虫成为成虫前不经历化蛹阶段。用螳螂剪影表示。

无变态
幼虫和成虫形态一样，成虫会继续脱皮。用衣鱼剪影表示。

其他节肢动物
蜘蛛和蜈蚣等是不属于昆虫的节肢动物。用蜘蛛剪影表示。

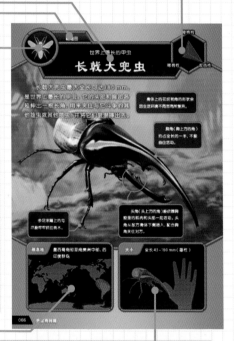

栖息地
表示该昆虫所生活的大概地域。

大小
以人类手掌大小180 mm为参照来对比昆虫的大概大小。10 mm以下的小昆虫用实物大小来表示。

大小的测量方法
全长：包含角和大颚在内，头部到腹部末端的长度。
体长：头部到腹部末端的长度。
翅展：张开翅膀的长度。

草原编

在花草繁茂的草原上栖息着各种各样的昆虫，有藏身于草丛里的食草昆虫，还有捕食它们的肉食昆虫。倘若你留心观察身边的草原，或许就能窥探到惊人的昆虫世界。

奇特性

引诱敌人的"恶魔之花"

魔花螳螂

稀有性　　　攻击性

当敌人靠近时，魔花螳螂会高高挥舞前足，用夸张的外形来警告对方。它的绿色背部和腹部像植物叶片和茎干，白色的胸部则像花朵，一旦蝇类等昆虫因误认而靠近它，就会遭到捕食。魔花螳螂幼虫身体颜色呈茶色，拟态成枯叶。

雄虫

镰刀状的前足力量并不强。

胸部宽阔，白色的身体部分在蝴蝶等昆虫眼里是有颜色的。

栖息地	非洲东部

大小	体长100~130 mm

这是正好抓到猎物的雌性魔花螳螂。
不小心靠近的昆虫成了这个"魔王"的口中之食。

奇特性

分泌有毒泡沫、色彩艳丽的蝗虫

马达加斯加齿脊蝗

稀有性

攻击性

因为马达加斯加齿脊蝗食用有毒植物，所以它体内含有毒素。遇到危险时，它的胸部会分泌有毒泡沫。色彩艳丽的翅膀是其含有剧毒的警示标志，受到袭击时，它便"啪"的一声张开翅膀来威吓敌人。

翅膀和身体颜色鲜艳，以此来表示自己有毒。

遇到危险时，它的胸部就会分泌有毒泡沫。据说有些小孩因误食这种蝗虫而导致身亡。

栖息地	马达加斯加

大小	体长约70 mm

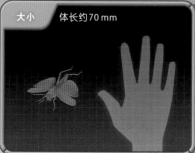

直翅目

掘土、飞行、划水

蝼蛄

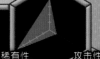

奇特性

稀有性　　　　攻击性

蝼蛄像鼹鼠一样用大大的前足掘洞而居。虽然它一般生活在地底下，但也擅长飞行和游泳。在同目昆虫中，它是少有的会养育后代的昆虫。

张开大大的后翅来飞行。前翅像钟蟋一样能摩擦发声。

受到袭击时，腹尾会分泌出臭味液体。

全身长满细毛，可帮助它在地底下和水面上移动。

像铲子一样的大前足擅长掘土和划水。

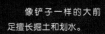

栖息地	亚洲部分地区、欧洲、非洲北部、澳大利亚

大小	体长30~35mm

膜翅目

肚子里面全是蜜

蜜罐蚁

　　蜜罐蚁是一种生活在沙漠周边干燥地带的蚂蚁。为度过食物匮乏的时期，大型的工蚁摇身一变，成为活"储藏库"。它将伙伴们收集来的蜜汁储备在腹（嗉囊）中。

　　储藏着蜜汁的蚂蚁叫作"蜜罐蚁"，这种蚂蚁会悬挂在巢穴洞顶度过一生。

　　平时，伙伴们用嘴巴将采来的蜜汁喂给蜜罐蚁；在食物匮乏时期，蜜罐蚁再从嘴里吐出蜜汁给伙伴们食用。

　　体长为12 mm，但储藏蜜汁后腹部会撑大至直径10 mm。

栖息地　澳大利亚、北美洲、非洲北部、非洲南部、美拉尼西亚

大小　　体长约12 mm

这是巢穴里的蜜罐蚁。

多亏了这些蜜罐蚁，其他蚂蚁才得以度过食物匮乏的时期。

膜翅目

用大颚和毒针来攻击敌人的杀人蚁

斗牛犬蚁

奇特性

稀有性　　　　攻击性

斗牛犬蚁会用锋利的大颚咬住敌人，用毒针不停地蜇对方。它的毒性很强，成年人被它连续蜇十几次也会死亡。澳大利亚约有80种斗牛犬蚁。

用长长的锯齿状的锋利大颚咬住敌人。

它以桉树的汁液为食，同时可以驱除桉树上的害虫。

和蜂类一样，腹尾有毒针。

栖息地	澳大利亚

大小	体长14~26 mm（工蚁）

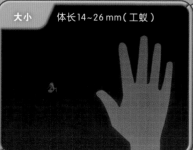

膜翅目

外形和蚂蚁一模一样的蜂类

帝蚁蜂

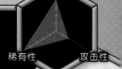

雌性帝蚁蜂没有翅膀，外形和蚂蚁一模一样，可以在地面上快速地来回爬行。它将长长的产卵器刺入丸花蜂的虫茧里产卵，孵化出来的幼虫靠取食丸花蜂的蛹和幼虫来生长发育。

产卵器也是毒针，人不小心被蜇到后会有痛感。

雌性帝蚁蜂没有翅膀，通过爬行来移动。

雌蜂

栖息地　日本（本州、四国、九州）

大小　　体长11~13 mm

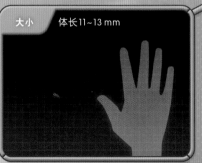

外形相似的昆虫大集合

在昆虫家族中，相同族群的昆虫长得相似并不足为奇，然而有些昆虫明明不同类，颜色和斑纹却一模一样。这是因为有些昆虫通过模仿有毒昆虫来抵御鸟类等天敌。

艳丽的斑纹是有毒的标志

有毒液或毒针的昆虫通过露出艳丽的颜色和斑纹向周围的动物表示它有毒。因此，有着相同颜色和斑纹的昆虫即便无毒也会让敌人望而却步。

外形和蜂类相似

◀ 巨虎天牛

▲ 黄腰食蚜蝇

◀ 透翅蛾

▲ 金环胡蜂会用强力的毒针攻击靠近自己或蜂巢的敌人。

外形相似的蝴蝶

▲黑端豹斑蝶（雌性）

▲有毒的桦斑蝶

▲金斑蛱蝶（雌性）

外形和瓢虫相似

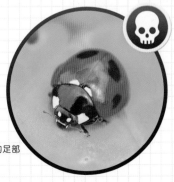

▲黑星筒金花虫

▶遇到危险时，瓢虫的足部
会释放毒素。

鞘翅目

被奉为"太阳神"的推粪虫

圣蜣螂

稀有性　攻击性

圣蜣螂用头和前足将动物粪便做成粪球，以倒立的姿势滚动粪球并将其运送到巢穴里。在古埃及，人们将它视为太阳神的化身，充满崇拜之情。

用后足踢滚粪球。

用钉耙状的前足将粪便揉成球形。

用铲状的头挖取粪便。

栖息地	地中海沿岸

大小	体长约30 mm

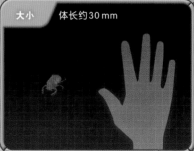

圣蜣螂正在滚动粪球。
粪球将成为其养育幼虫的温床。

奇特性

稀有性　　　　攻击性

将大象的粪便做成大粪球

大王象粪蜣螂

　　世界上最大的粪虫（以动物粪便为食的蜣螂）——大王象粪蜣螂将亚洲象的粪便运送到位于地下的巢穴里。它做出的大粪球直径可达20 cm。雌性大王象粪蜣螂将卵产在粪球中，幼虫在粪球中以粪便为食发育成成虫。

它和犀金龟一样胸部向前突出成长角状。

用铲状的头挖取粪便。

用扁平的大前足在粪便下方挖筑巢穴。

栖息地	东南亚至印度

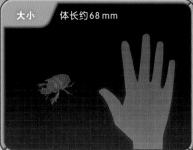

大小	体长约68 mm

鞘翅目

奇特性

虫卵和成虫均有毒的"灼伤虫"

毒隐翅虫

稀有性　攻击性

毒隐翅虫常见于田地附近，夏季喜欢飞去光亮的地方。它的体液有毒，人的皮肤沾到它的毒液后，会出现类似灼伤的条状红斑。因此它也被称为"灼伤虫"。

不飞的时候，后翅折叠置于小小的前翅下。

属于肉食昆虫，吃农作物上的害虫，所以也被认为是益虫。

虫卵和成虫的体液均含有毒素。

栖息地	除美洲大陆以外的世界各地

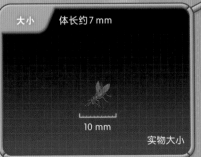

大小	体长约7 mm

10 mm

实物大小

鞘翅目

产卵数量较多的毒虫

圆胸短翅芫菁

稀有性   攻击性

圆胸短翅芫菁一次可产一千多粒虫卵，孵化出来的幼虫靠取食蜜蜂巢里的蜂卵和蜂花粉来生长、发育。孕有虫卵的雌性圆胸短翅芫菁没有翅膀，行动缓慢，但其足部关节能分泌毒液来防身。

肚子大大的，里面孕育着一千多粒虫卵。虽然产卵数量多，但只有极少部分虫卵能长成成虫。

翅膀已经退化，不会飞。

遇到危险时会装死，并从关节处分泌毒液。人的皮肤要是接触到毒液会起水疱。

栖息地　中国、日本、库页岛、朝鲜半岛

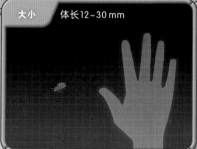

大小　体长12~30 mm

016

幼虫 ②

幼虫

蜂 ③

卵

从一千多粒虫卵（①）中孵化出来的幼虫爬到花朵中等待蜜蜂来临（②），然后附着在蜜蜂身上进入蜂巢中（③）。

半翅目

奇特性

稀有性　　　攻击性

为保护同伴而不发育成成虫

士兵蚜虫

　　竹角蚜虫的幼虫分为普通幼虫和守卫族群的士兵蚜虫两个种类。士兵蚜虫的前足较大，头顶的角可用来攻击敌人。它和普通幼虫不同，不能发育成成虫，也不能产卵。

大大的前足可以紧紧抓住敌人。

两根角可以扎刺敌人的虫卵或幼虫。

栖息地　日本

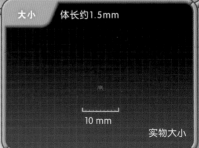

大小　体长约1.5mm

10 mm

实物大小

018

外敌（食蚜蝇幼虫）

士兵蚜虫

有些竹角蚜虫会生产攻击食蚜蝇幼虫的士兵蚜虫。
图中的士兵蚜虫正在攻击肉食性食蚜蝇幼虫。

双翅目

通过强悍的飞行能力来捕食猎物

黑食虫虻

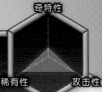

奇特性

稀有性　攻击性

黑食虫虻是一种肉食性食蚜蝇，飞行速度极快。在飞行中捕捉其他昆虫时，它将吸管状的口器刺入猎物体内，以吸食里面的体液。它还会袭击比自己体型大的蝉。

眼睛很大，能迅速发现猎物。

控制翅膀和足部的肌肉非常发达。

口器又粗又长，刺入猎物体内吸食体液。

步足粗壮带刺，能牢牢抓住比自己大的猎物。

栖息地	日本、朝鲜半岛

大小	体长23~30 mm

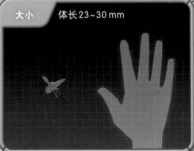

这是黑食虫虻的同类 —— 毛盾圆突食虫虻。它正在狩
猎，抓到了比自己还大的蜻蜓。

奇特性

有剧毒的蜘蛛

日本红螯蛛

稀有性　　攻击性

　　一到夜晚，日本红螯蛛就会出巢觅食，它抓住猎物后会用毒液将其麻痹然后吃掉。它是日本蜘蛛里毒性最强的，经常发生人类因为疏忽而被咬伤的事故。雌蛛卷起狗尾巴草叶子来筑巢，并在里面产卵。

> 在养育小蜘蛛的最后阶段，雌蛛会让小蜘蛛吸食自己的体液，而后自己死去。

雄蛛

> 用长牙咬住猎物，注入毒液使猎物麻痹。人被咬后会有针刺一样的痛感，还会出现头痛和恶心的症状。

栖息地	日本（北海道至九州）

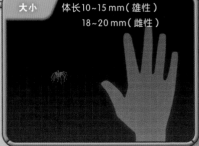

大小	体长10~15 mm（雄性） 18~20 mm（雌性）

雌蛛

日本红螯蛛的巢穴（上）和巢穴里面的样子（下）。
育儿中的雌性红螯蛛性情很暴躁，必须引起注意。

蜱螨目

稀有性　　　攻击性

传播可怕疾病的"吸血鬼"

龟形花蜱

　　龟形花蜱习惯潜伏在草丛之中，叮咬动物或人类，吸食血液。它会传播非常危险的疾病，甚至致人死亡。

吸血后，身体可膨胀好几倍。

用吸管式的口器刺破对方的皮肤并吸血。

栖息地	中国、日本南部、东南亚

大小	体长约5mm（吸血后约25mm）

024

这是龟形花蜱的同类吸血前（右上）和吸血后（下）的样子。吸血后体重可达原来的100倍。

昆虫能作为食材吗?

　　一听到吃昆虫,想必很多人都会皱眉吧? 但在日本,很早以前就有吃稻蝗和蜂蛹(细黄胡蜂等动物的幼虫或蛹)的习惯。这些昆虫如今还是日本某些地区的地方菜。

　　在东南亚地区,负子蝽和飞蛾幼虫等昆虫也是市场上很常见的销售食材。中国很多地区也有食用各种昆虫的习惯。

　　富含营养的昆虫除了作为传统食品之外,作为食材也有望解决将来的世界性食物短缺问题。

▲泰国的路边摊上出售着飞蛾幼虫、蝗虫等各种油炸昆虫小吃。

▲法国养殖的食用蟋蟀,口感像虾肉。

▶蜂蛹佃煮是日本长野县的地方菜。

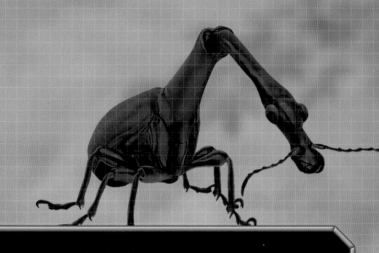

森林编

森林里生活着很多以树木汁液和果实为食的昆虫。有些昆虫生活习性独特，有些昆虫则拥有高超的狩猎技能。它们发挥自己的技能和特长，日复一日地进行着生存之战。

美丽却凶恶的猎手

日本虎甲

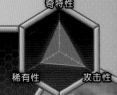

奇特性

稀有性　攻击性

日本虎甲一旦发现猎物，就会迅速奔跑过去，用锋利的大颚夹住猎物。它被人们亲切地称为"引路虫"，因为它不仅外形漂亮，还会像带路一样随着人类的脚步往前飞。

腿很长，能快速靠近猎物。

大眼睛能迅速发现猎物。

强力的大颚咬住猎物后，用消化液将猎物溶解吃掉。

栖息地	日本（本州、四国、九州）

大小	体长18～20 mm

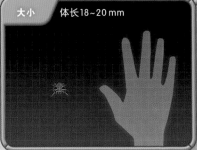

虎甲类昆虫 —— 芽斑虎甲幼虫的巢穴。

猎物

这是正在袭击猎物的虎甲幼虫。
虎甲幼虫埋伏在自己挖的洞里狩猎。

鞘翅目

恐怖的捕蜗猎手

日本食蜗步甲

日本食蜗步甲会把细长的头部和胸部伸入蜗牛壳里，将蜗牛肉溶解后吸食。除蜗牛外，它还吃蚯蚓等生物。这种昆虫只生活在日本，地域不同，它们的身体颜色也不同。

遇到危险时，屁股后面会喷出臭味液体。人的皮肤沾上后会有火辣辣的痛感。

头胸之间能随意弯曲，所以可以轻易吃到蜗牛壳里的蜗牛肉。

大颚夹住猎物，用唾液溶解猎物的肉后吃掉。

栖息地	日本（北海道至九州）

大小	体长30~70 mm

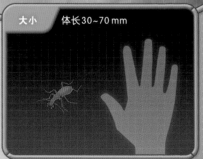

正在攻击蜗牛的日本食蜗步甲。

即使蜗牛将身子缩进壳里，日本食蜗步甲也能将细长的头部和胸部伸进蜗壳深处将蜗牛吃掉。

鞘翅目

身体发着光前行, 就像一辆电车

铁道虫

铁道虫和萤火虫是近亲。从幼虫到成虫阶段, 雌虫的外形没有改变, 身体两侧以及头部均能发光。只有雌虫能发光, 可以威吓敌人、吸引雄虫。

扭着身体快速活动。

雌虫

头部发出明亮的红光。

每个腹节两侧都会发光。

栖息地　　巴西

大小　　　体长约30 mm (雌性)

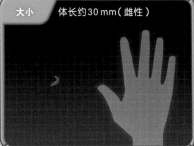

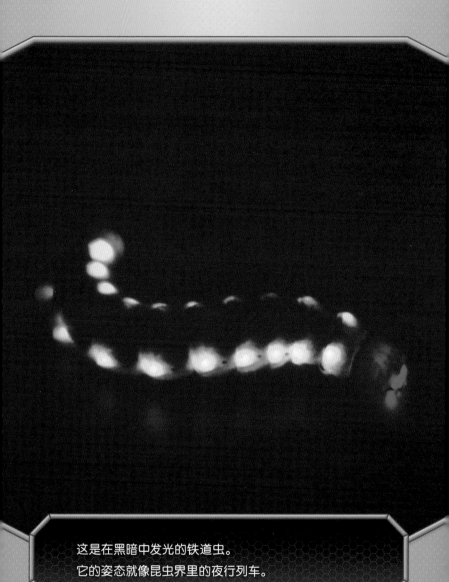

这是在黑暗中发光的铁道虫。
它的姿态就像昆虫界里的夜行列车。

鞘翅目

奇特性

稀有性　　攻击性

日本最大的甲虫

山原长臂金龟

　　山原长臂金龟的体长可达60 mm以上，是日本最大的甲虫。雄虫的前足长度达80~90 mm，用来进行同性之间的打斗或是向雌虫求爱。只有日本冲绳岛北部一个叫作山原的原始森林里生活着这种昆虫。

雄虫

前足极长，超过了体长。只有雄虫有长长的前足。

栖息地	日本（冲绳岛北部）

大小	体长47~62 mm（雄性）

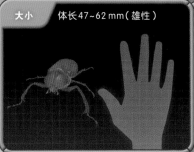

奇特性

像长颈鹿一样有长脖子

长颈鹿象鼻虫

稀有性　　　攻击性

长颈鹿象鼻虫是一种将树叶卷成筒状，在里面产卵的卷叶象甲昆虫。雄虫的头胸部像长颈鹿一样很长，头胸部越长越受雌虫青睐。

细长的头胸部。雄虫之间通过互相比较头胸部的长度来争夺配偶。

用大颚啃食树叶。

栖息地　马达加斯加

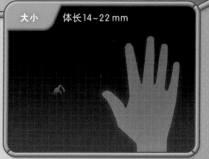

大小　　体长14~22 mm

035

鞘翅目

在栗子上钻洞，形似大象的昆虫

蒙栎象鼻虫

稀有性　　攻击性

蒙栎象鼻虫有长长的发达口器（喙），像大象的鼻子一样，是一种象甲类昆虫。雌虫口器长度是身体长度的一半，可以钻破栗子将卵产在里面。

雌虫的口器比雄虫的长。成虫一般以植物为食，但据说也会用长口器蜇刺其他虫子后将其吃掉。

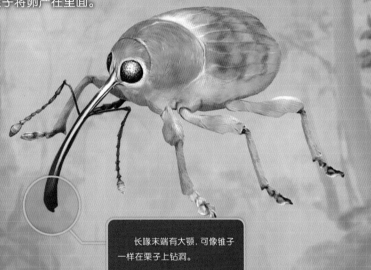

长喙末端有大颚，可像锥子一样在栗子上钻洞。

栖息地	大小
中国、日本（本州、四国、九州）、印度	体长 6~10 mm

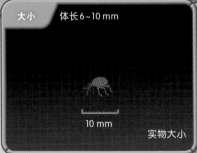

10 mm

实物大小

这是从栗子里钻出来的蒙栎象鼻虫幼虫。
同类族群中还有一种在橡子中产卵的昆虫，叫橡实象
鼻虫。

膜翅目

有长长的产卵器

马尾茧蜂

马尾茧蜂雌蜂会将长度是自身体长8~9倍的产卵器插入树洞中，把卵产在树洞里的天牛幼虫体内。虫卵孵化后靠取食天牛幼虫生长、发育。

体长为20 mm左右，但如果把产卵器的长度包括进去的话，它就是日本最长的昆虫。

长达160 mm的产卵器。找到天牛幼虫的巢穴并将产卵管插进去。

栖息地　中国（台湾、浙江）、日本（本州、四国、九州）

大小　　体长15~24 mm

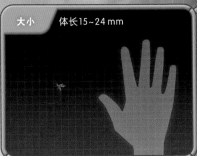

鳞翅目

外形酷似蛇的天蛾幼虫

白肩天蛾（幼虫）

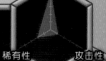

奇特性

稀有性　　　攻击性

白肩天蛾幼虫遇到危险时会把头胸部蜷缩起来，露出大大的眼斑纹来震慑敌人。鸟类天敌被它的蛇形外表吓到后会放弃攻击。

背上的花纹看起来很像蛇鳞。

将头蜷到腹部防身。

露出大大的眼斑纹来震慑敌人。

栖息地	中国、日本（本州、四国、九州）、朝鲜半岛、西伯利亚地区

大小	体长约75 mm（末龄幼虫）

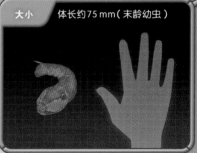

鳞翅目

奇特性

伏击狩猎的尺蠖

球果尺蛾（幼虫）

稀有性　　攻击性

　　球果尺蛾幼虫通过伪装成小树枝来伏击猎物，迅速捕捉飞过来的苍蝇等小虫子。狩猎的球果尺蛾幼虫有10多种，全部都只能在夏威夷群岛上见到。

抬起身体停在树枝上的样子和小树枝一模一样。

带爪子的大胸足可以迅速地紧紧抓住猎物。尺蛾的幼虫叫尺蠖，但能猎食虫子的尺蠖只有球果尺蛾幼虫。

栖息地　夏威夷群岛

大小　体长约40 mm（末龄幼虫）

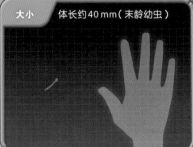

这是抓到猎物的球果尺蛾幼虫。

它能和周围的环境融为一体，伏击靠近的猎物。

鳞翅目

用眼斑纹来保护自己

枯叶夜蛾（幼虫）

枯叶夜蛾幼虫以木通的叶子为食。遇到危险时，它会蜷起身体，翘起尾部，露出大大的眼斑纹来威吓敌人。

蜷起身体后眼斑纹变得更显眼，这让鸟类天敌感到胆怯。

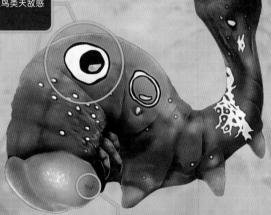

真正的眼睛

栖息地	中国、日本、东南亚至印度

大小	体长约75 mm（末龄幼虫）翅展95~105 mm（成虫）

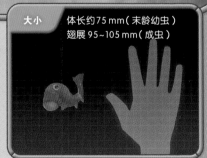

前翅

这是枯叶夜蛾成虫。
它张开酷似枯叶的前翅时就会露出后翅上的大眼斑纹。

奇特性

稀有性　　攻击性

进行长途迁徙的有毒蝴蝶

黑脉金斑蝶

每年秋季，数千万乃至数亿只黑脉金斑蝶从北美出发，历经约4000 km的迁徙来到墨西哥的固定森林里，它们聚集在这里越冬。到了春季，它们再北上，飞往北美，然后分散至北美各地。它们的幼虫和成虫均有毒。

幼虫阶段以毒草（马利筋）为食，体内积累了毒素。

翅膀上橙黑相间的斑纹表示它有毒。

栖息地	北美至南美北部、西印度群岛、澳大利亚、新西兰

大小	翅展约100 mm

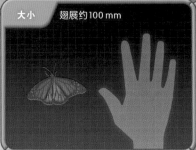

一大群黑脉金斑蝶遮盖了树干。
它们停留在同一棵树上，紧挨着彼此度过冬天。

鳞翅目

世界上最大的飞蛾

乌柏大蚕蛾

稀有性　　　攻击性

乌柏大蚕蛾的翅膀展开超过200 mm，是世界上最大的飞蛾。前翅尖端的斑纹看上去像蛇头，但不知它的鸟类天敌是否也这样认为。

因翅膀上有蛇头一样的斑纹，在中国叫"蛇头蛾"。

成虫没有口器，不能进食喝水。

栖息地　中国、日本（八重山群岛）、印度、喜马拉雅地区

大小　翅展约185 mm（雄性）约200 mm（雌性）

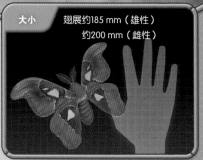

张开翅膀的乌桕大蚕蛾比成年人的手掌还要大。

奇妙的飞蛾幼虫

　　有很多飞蛾幼虫的外形都非常奇特。它们各色各样，有的身体颜色和周围环境融为一体，不易被敌人发现；有的身上长着毒毛；还有的会用特别的姿势和外形来威吓敌人。这些幼虫虽不能像成虫一样飞行，却拥有各种防敌护身的武器和技能。在此为大家介绍其中一部分飞蛾幼虫。

奇妙的姿势和外形

　　苹蚁舟蛾的幼虫向外翻起身体，就像一个兽面瓦，它还会将长长的胸足伸展开来并抖动身体威吓敌人。另外，还有一种叫苹米瘤蛾的飞蛾幼虫，它外形奇特，每次脱皮的时候，头部蜕掉的壳就会

▲向外翻起身体的苹蚁舟蛾幼虫

蜕掉的壳

▲苹米瘤蛾幼虫

叠加一层。人们并不清楚它这种外形代表什么含义。

毒毛或毒刺

　　很多飞蛾幼虫通过毒毛或毒刺来防身。此外，有些毛刺颜色非常鲜艳的飞蛾幼虫也很危险。生活在北美的天蚕蛾幼虫以及罗宾蛾幼虫身上排列着红、蓝、黄等颜色艳丽的毒刺。南方绒蛾幼虫身上覆盖着长毛，一眼看上去毛茸茸的，但其实长毛下藏有强力的毒刺。人如果被毒刺扎到会感到剧痛难忍，据说还有人会因此产生非常痛苦的过敏反应。

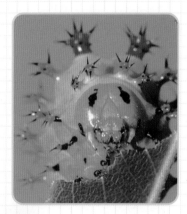

▲罗宾蛾幼虫

◀南方绒蛾幼虫

半翅目

奇特性

稀有性　　　　攻击性

全身呈绿色的蝉

黑岩蝉

　　黑岩蝉是一种通体绿色、体型很小的蝉。它们白天静静地待在叶子上，很难被发现。到晚上7点多，雄性黑岩蝉们就开始同时低声鸣叫召唤雌性，过程持续约30分钟。

全身呈绿色，所以待在草叶上时很难被发现。

用口针吸食草叶中的汁液。

雄蝉腹中的肌肉能活动发出"啾啾啾"的叫声，以此来召唤雌蝉。

栖息地　　日本（冲绳岛、久米岛）

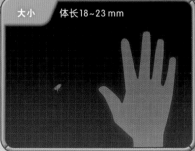

大小　　体长18~23 mm

奇特性

身披白色"羽衣"来防身

碧蛾蜡蝉（幼虫）

稀有性　　　攻击性

　　碧蛾蜡蝉幼虫全身裹着白色的棉毛，成熟后白色长毛褪至尾部，就像一条尾巴。白毛成分是其腹尾分泌的蜡状物质，可以帮助它躲避敌人和逃生。

遇到危险时会一蹦一跳地逃走。

从树枝上掉下去的时候，白色长毛可起到降落伞的作用。

栖息地	中国、日本（本州至南西群岛）、朝鲜半岛

大小	体长约 5 mm（末龄幼虫）

10 mm

实物大小

051

半翅目

藏在泡泡里防身

白带尖胸沫蝉（幼虫）

奇特性

稀有性　　攻击性

　　白带尖胸沫蝉幼虫在腹尾分泌的液体中混入空气，将其做成一个泡状团块。它们一直藏在泡液中生活，直到羽化为成虫。其他的昆虫在泡液中无法呼吸，因此它们不易受到敌人攻击。

通过身体下方的腹沟来吸排空气，使腹尾分泌的液体形成泡沫。

用口针吸食植物里的汁液，多出的水分则用来制作泡沫。

栖息地	中国、日本（北海道至九州）、朝鲜半岛、西伯利亚地区

大小	体长约 8 mm（末龄幼虫） 11~12 mm（成虫）

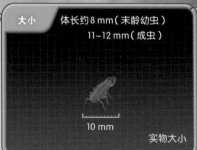

10 mm

实物大小

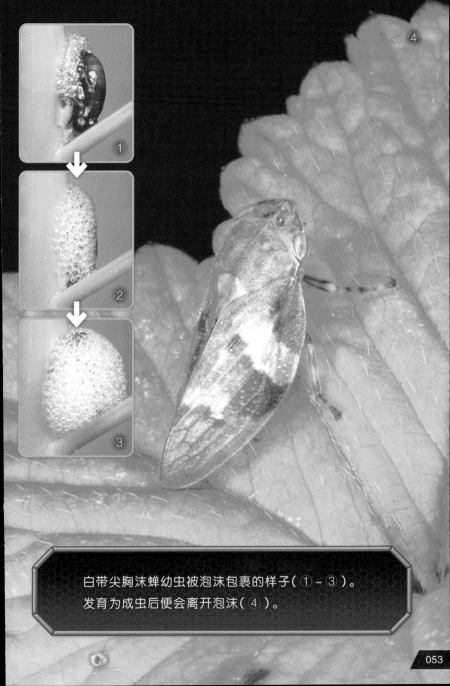

白带尖胸沫蝉幼虫被泡沫包裹的样子（①~③）。
发育为成虫后便会离开泡沫（④）。

捻翅目

寄生在蜂类体内度过一生

捻翅虫

稀有性　　　攻击性

　　捻翅虫幼虫刚孵化出来便钻进胡蜂体内，靠夺取寄主体内的营养生长、发育。雄虫羽化后即从寄主腹部离开，但雌虫一生都以蛆虫的形态寄生在寄主体内。

虫卵在雌虫体内孵化，当寄主采花的时候，雌虫便将幼虫放出。

雄虫

因为雄虫的前翅呈捻卷的棒状，因此叫作"捻翅"。

雌虫

雌虫从寄主体内伸出没有眼睛和触角的头部来与雄虫进行交配。

栖息地	中国、日本、越南

大小	体长3~7 mm（雄性） 13~30 mm（雌性）

雄虫

雌虫

从胡蜂体内伸出身子的雄虫（上），寄生在胡蜂体内的雌虫（下）。

奇特性

稀有性　攻击性

糟践蔬菜和水果

西花蓟马

西花蓟马是一种翅膀上长有缨毛的昆虫。它们用口针吸食蔬菜和水果里面的汁液，还会传播危害茄类和菊类植物的病菌。

翅轴上长满缨毛，能乘风飞到很远的地方。

用口针吸食植物的汁液，同时传播病菌。

虽然它是一种不完全变态昆虫，但是也会经历蛹期的静止时期。

栖息地	除高温地带以外的世界各地

大小	体长1~1.5 mm

10 mm

实物大小

蜚蠊目

像西瓜虫一样能将身子卷成球形的蟑螂

圆蠊

奇特性

稀有性　　　攻击性

圆蠊的雌虫和幼虫都没有翅膀，遇到危险时会像西瓜虫一样将足和触角收拢，蜷起身体来防身。雄性圆蠊和普通的蟑螂长得一样。

雌虫

幼虫以及雌性成虫形似西瓜虫，有6只足，属于昆虫。

头部几乎藏于胸下。

幼虫以及雌性成虫遇到危险时会蜷起身体。

栖息地　中国（台湾）、日本（九州南部至南西群岛）

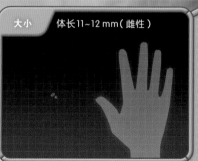

大小　体长11~12 mm（雌性）

057

奇特性

世界上最大级别的食肉昆虫

怪物旱地沙螽

稀有性　　　攻击性

　　怪物旱地沙螽是外形介于蟋蟀和螽斯之间的沙螽类昆虫，也叫怪物沙螽。雌虫体大且凶猛，一旦抓住蝗虫和螳螂等昆虫便会将其咬碎。

用强力的大颚咬碎猎物。

步足强劲，能将猎物压制在身下。威吓敌人时会举起步足，露出腹部。

栖息地	印度尼西亚

大小	体长约100 mm

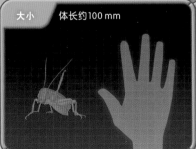

怪物旱地沙螽的大颚力量惊人，会袭击比自己体型大的猎物。

盲蛛目

用极长的步足摸索着移动

日本长脚盲蛛

奇特性

稀有性　　　攻击性

日本长脚盲蛛用长度惊人的8条步足四处爬动，以小型昆虫为食。盲蛛也叫"幽灵蛛"，但不属于蜘蛛类动物。

步足长度约是体长的20倍。它用步足末端牢牢抓住叶子。

幼年阶段身体呈黄色，因此日语里的名字叫"萌黄座头虫"。

它的眼睛感受不到光线明暗，因此要通过步足来摸索着爬行。

栖息地	日本（北海道至九州）

大小	体长3~4mm

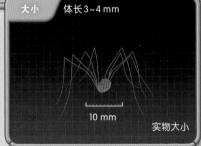

10 mm

实物大小

鞭蝎目

奇特性

喷射酸性液体

斯氏盾鞭蝎

稀有性   攻击性

斯氏盾鞭蝎夜间四处爬动，用大钳子捕食昆虫。外形酷似蝎子，但尾部没有毒针，长长的尾部末端能喷射用以防身的酸性液体。

遇到危险时会竖起鞭状长尾，喷出酸性液体。

前足细长，充当触角。

用大钳子夹碎猎物。

栖息地	日本（九州南部至冲绳群岛、八丈岛）

大小	体长40~50 mm

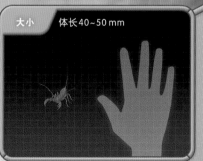

用大大的肢腕捕捉猎物

坦桑尼亚鞭蛛

奇特性

稀有性　　攻击性

坦桑尼亚鞭蛛展开肢腕可达200 mm，是一种大级别的鞭蛛。大前肢用来捕食昆虫。鞭蛛与蜘蛛相近，虽然被称作"世界上最瘆人的虫子"，但它并没有毒，也不会攻击人类。

鞭状的细长触肢能充当触角的作用。

带刺的大前足（臂）能迅速捕捉到猎物。

它的嘴巴和蜘蛛一样，能将猎物撕得粉碎。

雌性鞭蛛将小鞭蛛背在背上进行养育。

栖息地　非洲中部至南部

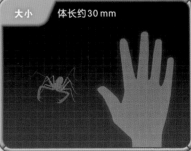

大小　体长约30 mm

背上背着小鞭蛛的雌性鞭蛛。

鞭蛛、鞭蝎（p.061）和避日蛛（p.108）并称为"世界三大奇虫"。

对人类生活有利的昆虫

从很久以前开始，人类就在生活中利用昆虫。人类通过饲养蜜蜂和蚕蛾来获取蜂蜜和绢丝已有3000多年的历史。

此外，昆虫在医疗领域的应用也引起了关注，科学家最近正在进行用菜粉蝶蛹和独角仙幼虫来提取抗癌药物的研究。

▲将蚕蛾的蚕茧进行加工就能得到品质良好的绢丝。

▼寄生在中南美地区仙人掌上的胭脂虫。从它体液中提取的胭脂红色素可用于鱼糕等食品以及化妆品的制作。

热带雨林编

　　气候温暖、植物种类繁多的热带雨林是地球上
昆虫种类最多的地方。这里有各种各样的昆虫，比
如巨大的犀金龟、漂亮的蝴蝶以及外形奇特得让人
怀疑是来自外星的昆虫。

鞘翅目

奇特性

稀有性　　攻击性

世界上最长的甲虫

长戟大兜虫

　　长戟大兜虫最大全长可达180mm，是世界上最长的甲虫。它的头部和胸部各延伸出一根长角，用来夹住与它斗争的其他雄虫或其他昆虫，并将它们狠狠摔出去。

身体上的花纹和角的形状会因生活环境不同而有所差异。

胸角（胸上方的角）约占全长的一半，不能自由活动。

步足末端上的勾爪能牢牢抓住树木。

头角（头上方的角）能依靠胸腔里的肌肉和头部一起活动。头角从敌方身体下侧插入，配合胸角夹住对方。

栖息地	墨西哥南部至南美洲中部、西印度群岛

大小	全长45~180mm（雄性）

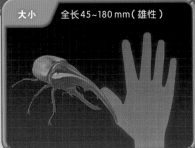

两只长戟大兜虫正在打架。长戟大兜虫也叫"海格力斯大兜虫"。

鞘翅目

奇特性

亚洲最大的犀金龟

南洋大兜虫

稀有性　　攻击性

南洋大兜虫最大全长可达130 mm，是亚洲最大的犀金龟。性情好斗，头部和胸部有3根长角，可紧紧夹住对手。

向前延伸出2根长长的胸角。体型大的两角之间还长着小角。

长前足带有勾爪，不仅能抓牢树木，还能用来搏斗。

长长的头角能上下自由活动。体型越大，其头角和胸角越长。

栖息地	印度尼西亚群岛、马来半岛

大小	全长60~130 mm（雄性）

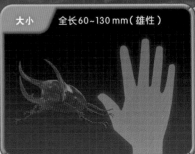

068

鞘翅目

奇特性

拥有世界上最长大颚的锹甲

长颈鹿锯锹

稀有性　　　　攻击性

长颈鹿锯锹最大全长约120 mm，是世界上最长的锹甲。长长的锯齿状大颚用来夹住与它斗争的其他雄虫或其他昆虫，并将对方挑起来摔到地上。

栖息地域不同，其体型大小以及大颚的长短会有很大差别。

用刷子一样的口器舔食树木汁液。

栖息地　东南亚至印度

大小　全长35~118 mm（雄性）

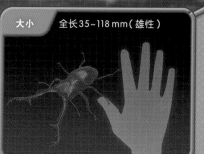

奇特性

泛着七彩色泽，是世界上最美的锹甲

彩虹锹甲

稀有性　攻击性

彩虹锹甲闪闪发亮的体色不仅美观，还可以警示鸟类。它常隐蔽在丛林里，以防体温过高。大颚向外翻起，比起夹住对手，它更擅长将对手挑起后摔到地上。

像犀金龟一样，从敌人下侧用外翻的大颚将对方挑起来。

前翅表面有多层薄膜，遇光会发生反射和折射，从而显现出七彩色泽。

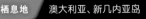

栖息地	澳大利亚、新几内亚岛

大小	全长37~70 mm（雄性）

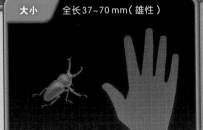

奇特性

稀有性　攻击性

世界上最重的昆虫

歌利亚大角花金龟

歌利亚大角花金龟体长超过 100 mm，是最大级别的花金龟。虽然它被称为"世界上最重的昆虫"，体重超过 50 g，却能在森林里高速飞行，吸食树木汁液。

用头顶的角和其他雄虫或其他昆虫抢夺树木汁液。

前翅几乎不张开，只用后翅就能飞。

雄虫

前胸后侧和前翅前侧很尖锐。

栖息地　非洲中部

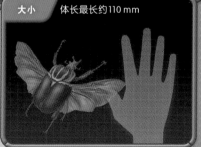

大小　体长最长约 110 mm

071

鞘翅目

奇特性

世界上大颚最长的天牛

长牙大天牛

稀有性　　攻击性

遇到危险时，长牙大天牛会挥动长长的锯齿状大颚来威吓敌人。大颚有力，能将小树枝夹断，但不知道它是否将大颚作为武器来使用。

展开前翅拍打后翅飞行。

人被夹到后会痛，还会出血。雌虫的大颚比雄虫的短，能挖开木头产卵。

| 栖息地 | 中美洲至南非南部 | 大小 | 全长100~160 mm（雄性） |

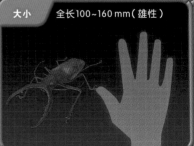

072

鞘翅目

扁薄的身体利于隐藏

小提琴步甲

稀有性　　攻击性

正如其名，小提琴步甲从背部望去就像一把小提琴，身体厚度只有5 mm。它的扁薄的身体能钻进树皮下的窄缝里，通过活动长长的头胸部来捕捉其他昆虫。

遇到危险时，尾部会喷出奇臭无比的液体，溅到人的皮肤上，会使人感到剧痛。

细长的头部和胸部能自由活动，很容易吃到位于树皮下方狭窄空间里的食物。

坚硬前翅的下面是薄薄的后翅，尚不清楚它的飞行能力如何。

栖息地	马来半岛、苏门答腊岛、加里曼丹岛、爪哇岛

大小	体长60~80 mm

奇特性

身体坚硬可防身

黑硬象鼻虫

稀有性　攻击性

黑硬象鼻虫身体黑亮，形似哑铃，是日本最坚硬的昆虫。它的前翅粘连不会飞。因身体坚硬，无法被捕食，所以不会受到鸟类的攻击。

身体坚硬，连标本针都无法刺穿。卵形身躯不易被碾碎，表皮的硬质层错综复杂，层层相叠。

栖息地	日本（石垣岛、西表岛）

大小	体长11~15 mm

世界上有各种各样的硬象鼻虫。
硬象鼻虫大多色彩鲜艳，带有美丽的斑纹。

奇特性

外形似三叶虫

三叶虫红萤（雌性）

稀有性　　攻击性

三叶虫红萤是一种和萤火虫相近的红萤类昆虫。雌性成虫和幼虫外形一样，因酷似2亿5000万年前灭绝的三叶虫而得名"三叶虫红萤"。雄虫也会羽化，但大小只有雌虫的十分之一。

腹尾有大大的吸盘，应该是在移动身躯时使用。

雌虫

受到惊吓后会把小小的头蟹缩到身体下面。

成虫阶段也没有翅膀，腹部生有很多刺。

栖息地　东南亚

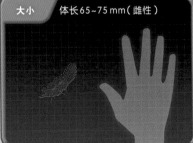

大小　体长65~75mm（雌性）

竹节虫目

用倒立来威吓敌人

巨扁竹节虫

奇特性

稀有性　　　攻击性

腹部末端有尖尖的产卵器。

带有大尖刺的粗壮后足，末端有勾爪。

雌虫

雌虫翅小，不能飞。

巨扁竹节虫雌虫遇到危险时会倒立着张开后足来威吓敌人。它的全身布满密密麻麻的尖刺，后足粗壮，人的手指被夹到后会很痛。雄虫大小是雌虫的一半，会飞。

栖息地	东南亚

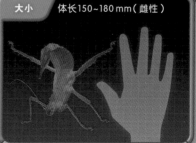

大小	体长150~180 mm（雌性）

奇特性

稀有性　　　　攻击性

伪装成花朵来引诱猎物

兰花螳螂

　　兰花螳螂的形态酷似花朵,能起到欺骗敌人眼睛的作用。它伪装成花朵来引诱猎物,迅速捕捉那些将自己误认成花朵而靠近的蝶类或蝇类动物。

尖尖的两眼之间有突起物,就像花的雌蕊。

幼虫阶段的体色为粉色,随着身体发育会变成白色。

幼虫

用镰刀状的前足迅速捕捉靠近的猎物。

像花瓣一样的步足。

栖息地	东南亚

大小	体长约45 mm(末龄幼虫) 约70 mm(雌性成虫)

伪装成花朵来狩猎的兰花螳螂。
虽然它看起来像一朵美丽的花儿，但隐藏着可怕的镰刀臂。

半翅目

稀有性　　　　　　攻击性

用形似蚂蚁的角来防身？！

拟蚁角蝉

它看起来就像倒扛着一只蚂蚁。末端尖尖的，用来扎敌人的嘴。

拟蚁角蝉是一种胸部有角的角蝉。形似蚂蚁的大蝉角能保护自己不易受到敌人的攻击。在热带地区有很多角蝉都长着奇形怪状的角，但这些角的作用并不清楚。

用口针吸食叶茎里面的汁液。

腹部为绿色，只有后足为黑色。停在树叶上时，只有黑色的身体部分比较显眼，更强调蚂蚁的拟态。

栖息地	北美洲南部至南美洲

大小	体长约 5 mm

10 mm

实物大小

080

高冠角蝉　四瘤角蝉

珊瑚角蝉　膜冠角蝉

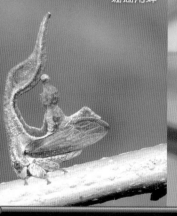

　　世界上的角蝉种类有很多，每一种角蝉的外形都非常有个性。

已灭绝的远古巨型昆虫

在约4亿年前，地球上就出现了昆虫。最初只是些像跳虫和石蛃那样的无翅小昆虫。然而，到了约3亿年前，昆虫分化出很多种类，用翅膀飞行的昆虫也出现了，其中一些昆虫体型大得惊人。

史上最大的昆虫 —— 巨脉蜻蜓

巨脉蜻蜓是一种约3亿年前出现的原始蜻蜓，翅展约70 cm，身体比鸽子还要大。它在长满巨型蕨类植物的森林里穿梭，用带刺的粗壮胸足捕食其他昆虫。翅展达50 cm的巨型蜉蝣等古网翅动物也是它的食物。

昆虫之所以呈现巨大化，是因为当时空气里的含氧量比现在高，而且在空中飞行的生物很少。

◀ 巨脉蜻蜓的化石
藏所：日本佐野市葛生化石馆
拍摄：〔日〕小笠原成能

巨型马陆 —— 远古蜈蚣虫

　　体型巨大的不仅有昆虫,和巨脉蜻蜓同一时期,森林里还生活着史上最大的节肢动物,那就是全长2m的巨型马陆 —— 远古蜈蚣虫。

　　浑身是腿、四处爬动的马陆比一个成年人还大,想想都让人不禁竖起汗毛。不过,请大家放心,远古蜈蚣虫以植物为食,就算它现在还存于世上也不会攻击人类。

巨脉蜻蜓

远古蜈蚣虫

半翅目

奇特性

稀有性　　　　攻击性

头上长着张鳄鱼脸？！

提灯蜡蝉

提灯蜡蝉是一种近似蝉类动物的蜡蝉类昆虫。它的头部很大，从侧面看像一张鳄鱼的脸，不知道这种外形有何作用。

头部形状像颗花生。不知道有什么作用。

遇到危险时会张开前翅露出后翅上大大的眼斑纹，以此吓退敌人。

像蝉一样用口针吸食树木汁液。

栖息地	中美洲至南美洲北部

大小	体长80~100 mm

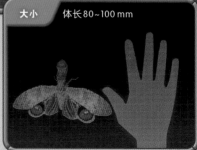

084

这是提灯蜡蝉侧面的样子。
花生形状的突起部位是空心的。

鳞翅目

奇特性

非洲最大的剧毒蝴蝶

非洲长翅凤蝶

稀有性　　攻击性

非洲长翅凤蝶雄蝶展开翅膀约有240 mm，是非洲最大的蝴蝶。它含有能毒死5只家猫的毒素，是所有蝴蝶中毒性最强的，因此没有天敌。

翅膀上橙黑相间的斑纹表明它有毒。

幼虫阶段以有毒草叶为食，将毒素累积于体内。

栖息地	非洲西部至中部

大小　　翅展约240 mm（雄性）
　　　　约150 mm（雌性）

奇特性

稀有性　攻击性

泛着彩色光芒的世界上最美的飞蛾

马达加斯加金燕蛾

在所有蝶类和蛾类中，马达加斯加金燕蛾是最美的那一种。多数飞蛾属于夜行性动物，但它的活动时间是从清晨到傍晚。它的幼虫吃毒草长大，因此成虫体内含有毒素。

幼虫和成虫的体内均有毒。

翅膀上的虹彩部分其实没有色素，而是鳞粉表面的构造以及排列方式在阳光反射下呈现出彩色。

栖息地	马达加斯加

大小	翅展约 80 mm

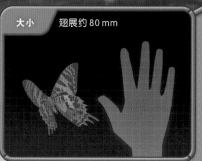

鳞翅目

奇特性

翅膀透明的蝴蝶

玫瑰水晶眼蝶

稀有性　　　　攻击性

玫瑰水晶眼蝶挥动着玻璃般透明的翅膀,慢慢地低空飞行。因为能透出身后的背景,所以很难被敌人发现。后翅上的眼斑纹有威吓敌人的作用。

翅膀上基本没有鳞粉,故呈透明状。

后翅上的眼斑纹能威吓敌人,还能假装它的头部在另一边。

前足退化,看上去只有4只足。

栖息地	中美洲至南美洲中部

大小	翅展约45 mm

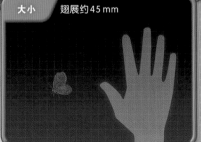

有透明翅膀的蝴蝶叫“透翅蝶”。

强行寄居在蚁巢里

拟蛾大灰蝶（幼虫）

拟蛾大灰蝶幼虫是世界上最大的灰蝶幼虫。它在黄猄蚁的蚁窝中筑巢，靠吃蚂蚁幼虫生长、发育。当它处于幼虫和虫蛹阶段时，身上覆盖着一层硬质厚皮。刚羽化的时候，它身披一层易落鳞毛，因此能抵御黄猄蚁的攻击。

身上覆盖着甲壳般的外皮，连蚂蚁的强力大颚也无法咬穿。

头部在下面，捕食蚂蚁的幼虫。

栖息地	东南亚至澳大利亚

大小	体长约30 mm（末龄幼虫）

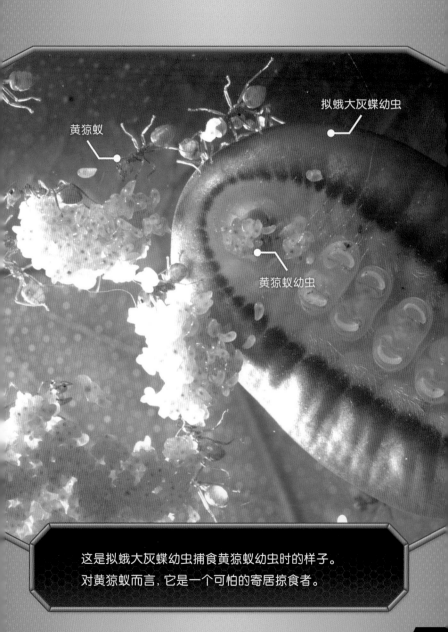

拟蛾大灰蝶幼虫

黄猄蚁

黄猄蚁幼虫

这是拟蛾大灰蝶幼虫捕食黄猄蚁幼虫时的样子。
对黄猄蚁而言，它是一个可怕的寄居掠食者。

奇特性

通过自爆来守护同伴

桑氏平头蚁

稀有性　　　攻击性

受到敌人袭击时，桑氏平头蚁会振动肌肉使自己的身体爆裂，让黏性毒液喷溅四周。它们以自己的生命为代价，使敌人被毒液包裹而死去，同时通过毒液的气味通知同伴危险的到来。

产生和储存糊状毒液的功能组织，从它们的头部一直延伸到腹部。

通过触角来感知释放在空气中的毒液气息，这样就能知道同伴已经自爆以及危险的到来。

栖息地	马来西亚、文莱

大小	体长约 5 mm

10 mm

实物大小

这是发生自爆的桑氏平头蚁（右）。
它为了保护蚁巢而施展出可怕的技能。

双翅目

发光引诱猎物

萤火虫（小真菌蚋幼虫）稀有性

攻击性

这是一种生活在黑暗潮湿环境中的蚋幼虫。它们从洞顶垂下黏性丝线，发出光芒吸引小虫子，捕食粘在丝线上的虫子。

在洞顶建造呈筒状的巢穴。

腹尾闪着蓝光引诱敌人。

它们在巢穴周围垂下很多带有黏液的丝线，吃粘在丝线上的猎物。

栖息地	澳大利亚、新西兰

大小	体长约30 mm（末龄幼虫）

这是在洞顶上发光的萤火虫。
数量众多的幼虫发出光芒等待猎物送上门来。

双翅目

眼距越宽越厉害

突眼蝇

突眼蝇的外形奇特，眼睛位于脑袋向左右两边延伸的长柄末端。在突眼蝇类昆虫中，雄性突眼蝇的眼距越宽越厉害，也更受雌蝇青睐。

眼睛旁边是触角。

雄蝇之间会面对面彼此较量眼距。

栖息地	中国、日本（石垣岛、西表岛）、东南亚

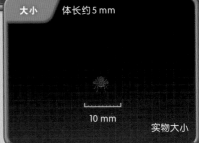

大小　　体长约5 mm

10 mm

实物大小

这是在打架的雄性突眼蝇。

左右分离的眼睛除了用于打架之外，还可以起到环视四周以及测量距离的作用。

蜈蚣目

毒颚牙

奇特性

秘鲁巨人蜈蚣

稀有性　　攻击性

　　秘鲁巨人蜈蚣体长最长可达400 mm，是世界上最大的蜈蚣。它们用尖利的毒颚牙咬住猎物，然后注入强性毒液将其毒死后再吃掉。

　　从步足变化来的毒颚牙毒性很强，小孩如果被咬会导致死亡。

　　尾部的步足很长，像触角一样，所以对手很难判断它的头部位置。

　　通过活动全身的对足来快速移动。

栖息地	巴西至秘鲁

大小	体长200~400 mm

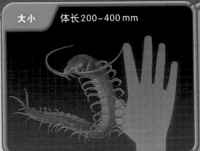

毒颚牙

秘鲁巨人蜈蚣有着可怕的毒颚牙。
除昆虫外，它还袭击老鼠和鸟类。

水熊虫和天鹅绒虫

虽然有些生物的名字里有"虫"字,但它们并不属于昆虫纲节肢动物。在这里为大家介绍其中两种有着惊人形态的"虫":水熊虫和天鹅绒虫。

水熊虫属于缓步动物,体长不足1mm,生活在苔藓缝里和水中。它用4对共8只粗短的足缓慢行走。天鹅绒虫属于有爪动物,它身体细长,像蜈蚣一样有很多只足,生活在热带雨林的潮湿环境中。水熊虫和天鹅绒虫被认为是由例如蚯蚓那种环节动物向昆虫这种节肢动物进化中的中间形态动物。

▶ 水熊虫。有一些种类的水熊虫在干燥情况下会停止活动,能忍受零下273 ℃的超低温和151 ℃的超高温,以及放射性和真空环境,遇水即复活。

◀ 天鹅绒虫。从嘴里喷出黏液来捕食昆虫等动物。

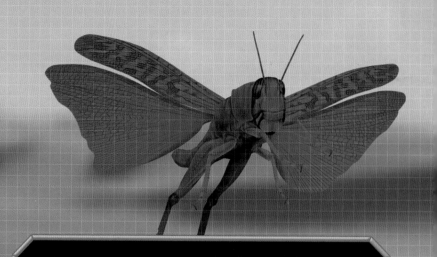

沙漠编

生物种类不多的沙漠里生活着成群的蝗虫，以及能适应恶劣生存环境的蝎子等节肢动物。它们通过群居或强有力的武器在恶劣的环境中存活。

直翅目

奇特性

成群扫荡植物

沙漠蝗虫

稀有性   攻击性

沙漠蝗虫作为散居个体时尚能安分守己，但是遇到食物不足的时候会大爆发成为群居型蝗虫。数百亿只群居型蝗虫将所到之处的植物掠食一空后再迁往下一个地方，给人类带来了很大的灾害。

群居型蝗虫比散居个体的翅膀大，一天能进行100~200 km的长途飞行。

群居型蝗虫的体色发黑。

一天能吃掉和自己身体一样重的植物。

栖息地   非洲西部至印度北部

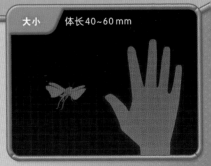

大小   体长40~60 mm

102

上图是铺天盖地的沙漠蝗虫。周围一片全部被蝗虫所覆盖。

扫荡一切的"飞蝗"

大群蝗虫集体迁飞掠食植物，造成蝗灾。除沙漠蝗虫外，引起蝗灾的蝗虫遍布世界各地，人们自古以来深受其害，日本常见的东亚飞蝗就是其中之一。

侵袭北海道的东亚飞蝗

1880年8月，东亚飞蝗大军袭击了北海道札幌周边的村庄。这些蝗虫在东边的十胜平原大爆发，越过日高山脉飞进了村庄里。

村民们第一次遇见飞蝗，所以对这些将谷子、玉米等农作物掠食一空的飞蝗束手无策，只能用巨大的响声来吓唬飞蝗。

◀札幌飞蝗情景（1882年）。用响声和火来驱赶蝗虫。

藏所：北海道立文书馆

出典：簿书7785《琐事合订本》

► 位于札幌市的手稻山口蝗冢

据说蝗虫不仅吃草木，还吃纸和布等所有它们碰到的东西，蝗群扫荡过的地方就只剩下红土和蝗虫卵。

1881年6月，前一年蝗群所产下的虫卵开始大量孵化出幼虫。全村上下皆投身于捕捉幼虫和虫卵的战争，并由官府进行灭杀或是雇人将野草烧光。通过这些措施，村庄里的幼虫数量大幅减少。

然而到了8月，村庄上空依然出现了遮天蔽日的蝗群。原来是其他地方爆发的蝗群飞到了村庄。据说这一年在整个北海道所捕捉到的东亚飞蝗，包括虫卵、幼虫和成虫在内，数量多达11亿只。

第二年和第三年继续出现飞蝗，直到1884年蝗灾才渐渐平息。因为这一年降水多，蝗虫卵无法被孵化。但是，低温导致作物无收，村民们依然没有脱离苦难。

之后，北海道常常遭受飞蝗灾害，北海道各地留下了埋杀蝗虫卵及幼虫的"蝗冢"遗迹。

蝎目

奇特性

世界上最危险的蝎子之一

以色列金蝎

稀有性   攻击性

以色列金蝎扬起粗粗的尾巴,用毒针蜇刺猎物。它拥有蝎子中最高级别的毒素,小孩如果被它刺到会死亡。它的英文名叫"deathstalker"。

毒针刺入猎物身体的同时注入毒液。毒针不仅用于捕捉猎物,还用来保护自己。

蝎钳牢牢夹住猎物。

栖息地	非洲北部至中东

大小	体长50~110 mm

这是抓到猎物的以色列金蝎。

让猎物无法逃生的毒液是它在沙漠恶劣环境里存活下去的强力武器。

避日目

用巨螯粉碎猎物，最大级别的避日蛛

阿拉伯避日蛛

　　阿拉伯避日蛛是一种避日蛛类的节肢动物。它在夜间快速地四处爬动，用巨大的螯肢将捕捉到的昆虫、蜥蜴、老鼠等撕碎。虽然与蜘蛛相近，但是它没有毒。

用长触肢（类似于昆虫触角的器官）将猎物一把拽过来。

用剪刀般的巨螯剪碎猎物，再用消化液将其溶解后吃掉。

栖息地	非洲北部至中东

大小	体长约150 mm

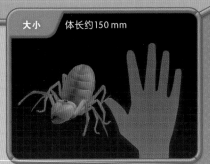

抓到蜥蜴的避日蛛。可怕的螯肢将猎物牢牢夹住。

生活在海洋里的昆虫

　　虽然昆虫存在于各种环境中，但生活在海洋里的昆虫只有海黾和海棘蚁等极少的几种。

　　海黾和普通水黾一样在水面滑行移动，以动物尸体里的体液为食。海洋性昆虫几乎都生活在海边，但有些海黾在太平洋中央的海面上繁衍生息。

　　栖息在澳大利亚海边的海棘蚁能在水面上快速地游动，甚至潜水。它们的巢穴建在泥巴里面，尽管涨潮时会被海水淹没，但穴中有防水的蚁室，因此大可放心。

▶ 游动的海棘蚁。腿部多毛，能帮助它浮在水面上。潜水的时候，毛与毛的间隙能储存空气。

◀ 海黾。和普通水黾不同，它没有翅膀，所以不会飞。

水边编

　　水边也生活着很多昆虫。比如，在水里度过幼
虫时光的蜻蜓和萤火虫，还有在水里捕食的可怕猎
手负子蝽。就连小鱼和青蛙也会成为某些昆虫的
腹中之物。

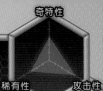

半翅目

水中的暴力分子
负子蝽

负子蝽生活在水田或池塘里，用镰刀状的粗壮前足抓住猎物并吸食其体液。除昆虫以外，它们还捕食比自己大的鱼和青蛙。

有时将呼吸管末端露出水面呼吸。

前足粗壮，带勾爪，能牢牢抓紧猎物。

翅膀。擅长飞行，一晚可移动数千米。

用口针刺穿猎物，注入液体溶解猎物的身体组织，然后吸食。

栖息地　中国、日本、朝鲜半岛

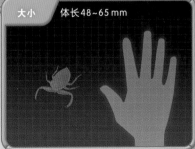

大小　体长48~65 mm

负子蝽抓到了青蛙。

奇特性

稀有性　　攻击性

下唇可屈伸，用来袭击猎物

水虿（碧伟蜓）

　　蜻蜓的幼虫叫"水虿"，生活在水中。当小鱼和昆虫靠近时，水虿会迅速伸出原本折叠着的下唇咬住猎物并吃掉。遇到危险时，它的腹尾会喷射出强力水流推动自己高速前进。

有时会用腹尾上的刺去蜇对手。

腹中有鳃，通过尾部吸水来进行呼吸。

下唇尖端像剪票钳，可牢牢咬住猎物。

栖息地	中国、日本

大小	体长约50 mm（末龄幼虫） 约70 mm（成虫）

正在伸出下唇咬住小鱼的碧伟蜓水虿。

蜻蜓目

世界上最大、最强的蜻蜓之一

巨圆臀大蜓

奇特性

稀有性　　　　攻击性

巨圆臀大蜓的体长可达100 mm以上，是世界上最大的蜻蜓之一。长长的翅膀使它飞行自如，可以在空中捕捉其他昆虫，用强力的颚部嚼碎猎物。

眼大，视物能力佳，能在飞行中寻找猎物。

它的4片翅膀能任意活动，可高速飞行，也可悬停在空中。

将颚部张得大大的来咬住猎物。

用带刺的步足紧紧抓住猎物。飞行的时候，步足折叠紧贴于身体。

栖息地	中国、日本

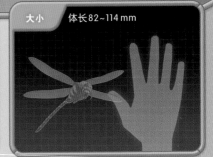

大小　体长82~114 mm

116

巨圆臀大蜓正咬着一只苍蝇。
它是空中最高级别的猎手。

双翅目

奇特性

生活在水中直到羽化

子孓、鬼子孓（白纹伊蚊）

稀有性 攻击性

蚊子的幼虫叫"子孓"，虫蛹叫"鬼子孓"。生活在水里。羽化后的成虫从水面飞出，雌虫吸人和动物的血。

鬼子孓

它们将呼吸管露出水面呼吸。虫蛹伸出的两根呼吸管像鬼怪的角一样，因此叫"鬼子孓"。

子孓

虫蛹阶段能靠腹尾的鳍来游动。

滤食生物死尸的碎片颗粒。

栖息地	世界热带、温带地区

大小	体长约5 mm（子孓） 2.4~3 mm（成虫）

10 mm

实物大小

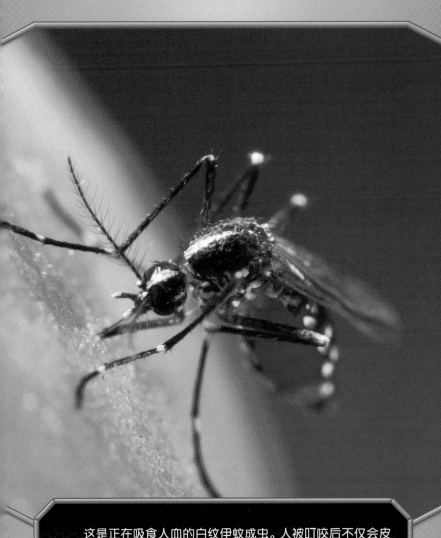

这是正在吸食人血的白纹伊蚊成虫。人被叮咬后不仅会皮肤发痒，还有可能染上危险的疾病。

奇特性

萤光是有毒的标志？！

源氏萤

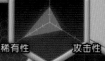

稀有性　　攻击性

源氏萤从虫卵到成虫均会发光，雄性和雌性成虫通过这种光芒来寻找彼此。它们也通过发光来表明自己有毒。

雄虫的眼睛比雌虫大，能很快发现雌虫。

雄虫集体飞行，通过尾部发出规律性的闪光来寻找雌虫。

从虫卵到成虫均有毒，通过发光以及露出身体上的花纹来表明自己有毒。

栖息地	日本（本州、四国、九州）

大小	体长10~16 mm

卵　　　　　　　　　幼虫　　　　　　　　　蛹

发着光飞舞的成虫群体

源氏萤的整个生命阶段 ——"卵—幼虫—蛹—成虫"——都发着光。

鞘翅目

奇特性

用大颚咬碎猎物的海滨暴力分子

海滨大隐翅虫

稀有性　　　　攻击性

海滨大隐翅虫生活在海滨的石头下和海藻中。夜幕降临后它就会四处转悠，用锋利的大颚快速捕食其他昆虫或甲壳类动物。

后翅很小，已退化。

一碰到猎物便使用锋利的大颚进行攻击。

栖息地　日本（北海道、青森县、岩手县靠太平洋一侧）、库页岛

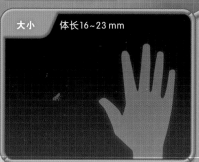

大小　体长16~23 mm

广翅目

虚有其表的长长大颚？！

巨颚蛇蜻蜓

稀有性　　　　　攻击性

翅膀很大，展开
可达120~130 mm，扇
动翅膀便可飞行。

巨颚蛇蜻蜓的头部扁平似蛇头，身体似蜻蜓。雄虫和锹虫一样有长长的大颚，用来进行同性之间的争斗。幼虫也有锋利的大颚，一般在河底四处爬动捕食其他昆虫。

用长度占身体三分之一的大颚
夹住对手，但力量并不大。

栖息地　北美洲至南美洲中部

大小　　体长约50 mm

123

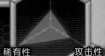

奇特性

稀有性　　　　攻击性

唯一一种生活在水里的蜘蛛

水蛛

水蛛在水中游走，捕捉水蚤和水蚯蚓后回到有空气的水下巢穴里进食。全世界生活在水里的蜘蛛只有水蛛。

腹尾吐出蛛丝，然后在水草间做一张圆顶状的网，在网中筑一个含有空气的气泡巢穴。

腹部长满密密麻麻的短毛，能携带空气气泡潜入水中。

腿上的长毛也便于携带空气气泡。

栖息地	日本（北海道至九州）、欧洲

大小	体长9~15 mm（雌性） 10~12 mm（雄性）

水蛛在水里建造巢穴。

身边的危险昆虫

　　住宅和学校周围也潜藏着危险的昆虫，其中一些对我们的生命有威胁，一定要注意！

日本黄胡蜂 `p.128`

　　很多昆虫伤人事件都是由胡蜂造成的。它们经常在住宅附近筑巢，尤其是初夏到秋天，只要靠近蜂巢，就会遭到成群胡蜂的毒针攻击。如果被蜇到有可能会休克致死。

茶毒蛾 `p.138`

　　它们从卵到成虫均有毒。特别是春季和夏季，山茶树上的茶毒蛾幼虫数量异常多。即使没有碰触它们，它们身上的毒毛也可能会随风飘到人的皮肤上引起皮肤刺痒。

龟形花蜱 `p.024`

　　近年来，有人遭蜱虫叮咬后患上了一种名为SFTS的疾病并导致死亡。生活在山野里的蜱虫会传播可怕的疾病，因此春夏季节进入山野的时候要尽量遮盖皮肤，以避免蜱虫的叮咬。

城镇周围编

我们周围生活着很多昆虫。家附近的公园以及田野中有蜜蜂、蚂蚁，还有设有可怕陷阱的蚁狮、白额高脚蜘蛛等动物。它们为了寻找猎物还会潜入人们的住所。

膜翅目

奇特性

日本伤人最多的胡蜂

日本黄胡蜂

稀有性　攻击性

　　日本黄胡蜂将猎获的昆虫做成肉球来喂幼虫。它们经常在人们住所周围筑巢,会集体攻击靠近蜂巢的人。在日本,常常发生被胡蜂蜇伤的事故。

振动翅膀发出嗡嗡嗡的声音,以此来威吓靠近蜂巢的生物。

用强力的大颚咬碎猎物。

将粗粗的锋利毒针扎入攻击对象体内,并注入强毒。人被蜇后会引起红肿和剧烈的疼痛。

| 栖息地 | 日本(北海道至九州、屋久岛) |

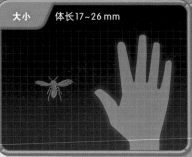

| 大小 | 体长17~26 mm |

128

膜翅目

将卵产在其他蜂类巢穴中的"宝石蜂"

大绿青蜂

大绿青蜂闪着蓝绿色光芒,像宝石一样漂亮。它们把长长的产卵器伸入泥壶蜂的巢穴里产卵,孵化出来的幼虫以泥壶蜂的幼虫为食生长、发育。

遇到危险时就将身体蜷起来防身。泥壶蜂的毒针无法刺穿它们坚硬的身体。

成虫以花蜜为食。

产卵的时候,产卵器能伸得很长。

栖息地	中国(台湾)、日本(本州、四国、九州、南西群岛)

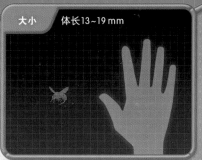

大小	体长13~19 mm

129

膜翅目

奇特性

泛着蓝光的蟑螂猎手

疏长背泥蜂

稀有性　　攻击性

　　疏长背泥蜂扑向蟑螂，将毒针刺入其胸部和头部，咬住其触须末端使其失去自由，然后将其拖进巢穴中，把卵产在其体内，使其成为幼虫的活饵食。

刺入毒针麻痹蟑螂的神经，将卵产在蟑螂体内。

用大颚叼住被麻痹的蟑螂触须进行拖拽，蟑螂就会被它们拖进巢穴里。

栖息地	中国、日本（关东地区以西的本州、四国、九州）、朝鲜半岛

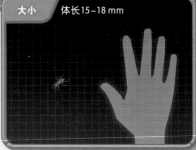

大小	体长15~18 mm

扁头泥蜂是一种生活在非洲的长背泥蜂，它正在羽化而出。

幼虫在蟑螂体内发育成成虫，然后离开。

双翅目

生活在蚁巢里的食蚜蝇幼虫

金色蚁巢食蚜蝇

稀有性　　　攻击性

食蚜蝇将虫卵产在蚁巢周围，孵化后的幼虫钻入蚁巢中进行发育直到羽化。蚁巢食蚜蝇幼虫吃蚂蚁幼虫长大，而金色蚁巢食蚜蝇的幼虫只吃黑褐蚁幼虫。

用瘤状的突起物来呼吸。

身体下面是小小的头部。

像蜗牛一样拨动身体下侧，快速地滑行移动。

栖息地	日本（本州、四国、九州）、朝鲜半岛

大小	体长约10 mm（末龄幼虫）

10 mm

实物大小

缨尾目

在纸上爬来爬去的原始昆虫

衣鱼

稀有性　　　攻击性

衣鱼是一种较原始的无翅昆虫。它们生活在室内，快速地四处爬动，用大颚啃食书本纸张、粉浆、面包以及衣物等。

身体上覆盖着鳞片。

腹部有毛刺，为退化后的残足，这表明它是一种原始昆虫。

和其他有翅昆虫一样，拥有能咬碎食物的大颚。

栖息地	中国、日本、印度尼西亚、印度

大小　　体长约10 mm

10 mm

实物大小

脉翅目

让落入巢穴里的猎物无处可逃

蚁狮（蚁蛉幼虫）

稀有性　　　攻击性

蚁狮是一种蚁蛉的幼虫。它们埋伏在漏斗状的巢穴下，用大颚夹住掉下来的蚂蚁等动物。当猎物试图从巢穴里爬出时，它们就用大颚弹抛沙子让猎物掉下来。

大颚尖端流出有毒的消化液溶解猎物，然后吸食其体液。

主要通过中间的足进行移动。

后足一般折贴在腹部下方。

栖息地	中国、日本、朝鲜半岛

大小	体长约12 mm（末龄幼虫） 翅展75~83 mm（成虫）

成虫

这是蚁狮的巢。它在地底伏击猎物。
成虫（左上）形似豆娘，似乎是以小昆虫为食，详细情况
不明。

135

不可思议的周期蝉

十七年蝉和十三年蝉

北美东部至南部有一些每隔17年或13年就会大爆发的蝉。每17年出现一次大爆发的蝉有3种，每13年出现一次大爆发的蝉有4种，这些蝉都叫周期蝉。

油蝉幼虫需要在地底下生活3~5年后再羽化而出，然而周期蝉要经过13年或17年才羽化。而且，与油蝉不同的是，周期蝉生活的地方决定了成虫出现的时间，同一个地方的十七年蝉就只能每隔17年出现一次。

2004年，纽约以及华盛顿周边地带出现了50多亿只十七年蝉。它们密密麻麻地趴在树木和草叶上齐声鸣叫，吵闹程度让人无法忍受。

不仅鸣叫声让人困扰，成群结队的蝉大军还吸光了树木汁液，导致树木枯萎，大量的蝉蜕以及死蝉腐烂发出恶臭，还有横冲直撞的蝉群导致交通混乱。

另一方面，有些地区则会举行十几年一次的节日活动，人们用炸蝉来款待客人，非常热闹。

▲大爆发的十七年蝉

奇特性

稀有性　　攻击性

不触碰也很危险的毒蛾

茶毒蛾（幼虫）

　　茶毒蛾身上长着密密麻麻的毒毛，人被刺后会感到非常痒。毒毛易脱落，会随风飘散而扎到人。茶毒蛾幼虫经常会出现在我们身边的山茶树上，引发很多人被蜇的事故。

　　发育成熟的幼虫身上的毒毛多达50万根。从虫蛹到成虫均有毒毛，就连产下的卵都带毒毛。

栖息地	中国、日本（本州、四国、九州）、朝鲜半岛

大小	体长约25mm（末龄幼虫）翅展20~35mm（成虫）

成虫

上图是成群的茶毒蛾幼虫。

　　茶毒蛾成虫（右上）也有毒毛，人靠近的时候必须特别小心。

奇特性

寄生在人类身上的小小吸血鬼

人虱

稀有性　　攻击性

人虱寄生在人类皮肤上，用口针叮咬人的皮肤吸食血液。人虱分为体虱和头虱，分别寄生在皮肤上和头发上。人被体虱叮咬后可能会染上恶疾。

用3根针一样的口器叮咬吸血。人被叮咬后会感到剧痒。

用带有锋利勾爪的粗状足部紧紧抓着皮肤和毛发。

栖息地	世界各地

大小	体长1.5~3.5 mm

10 mm

实物大小

蚤目

吸食人血

猫蚤

奇特性

稀有性　　攻击性

　　猫蚤的弹跳高度可达自身体长的100倍，附着在猫狗和人类身上，用口针吸食血液。虽然还没有给人类带来危险的疾病，但人被它叮咬会导致皮肤发痒和水肿。

身上的毛能感受到动物的气息。全身的毛与寄主的体毛缠绕在一起，使它们不易从寄主皮肤上掉落。

用强力的后足跳到动物身上。

用口针来吸食血液。

身体宽幅小，便于在皮肤、毛发中移动。

栖息地	世界各地

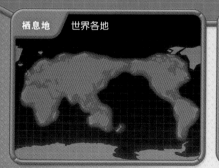

大小	体长2~3mm

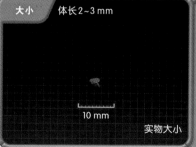

10 mm

实物大小

141

昆虫带来的疾病

传染鼠疫的跳蚤

鼠疫是鼠疫杆菌通过跳蚤从老鼠身上传染到人类身上，然后人与人之间相互传染而发生的疾病。患者产生高热或恶寒，数日内便死亡。迄今为止，世界上有三次鼠疫大流行的记录。

第一次流行发生于6世纪，以地中海沿岸为中心扩散，据说有些城市每天死亡人数达5000~10000人。

最有名的鼠疫发生于14世纪，这是让所有欧洲人绝望的第二次大流行。有人称这场鼠疫的罪魁祸首是来自亚洲的携带鼠疫杆菌的跳蚤和老鼠。因持续的粮食歉收而饱受饥饿之苦的欧洲人民对鼠疫毫无抵抗力，一个接一个地病倒。他们对此束手无策，直到出现黑色疫瘤走向死亡。因为这种病容，鼠疫又叫"黑死病"。黑死病瞬间席卷了整个欧洲。

据说，当时全世界的死亡人数为7500万人或2亿人，有三分之一的欧洲人因此丧命。

第三次流行在1894年，波及亚洲、欧洲、美洲和非洲的60多个国家，最终大约有1000万人死亡。在这个时期，人们找出了患鼠疫的原因。研究人员在患者和老鼠的血液中发现了鼠疫杆菌，并且查出鼠疫是通过跳蚤传播到人类身上的。

败给虱子的拿破仑

　　1804年加冕为法国皇帝的拿破仑于1812年率领60万大军攻打俄国，但最后以失败告终，据说逃回法国的士兵只有2万5000人。

　　夺走众多法国士兵性命的并不是俄国士兵，而是小小的虱子。三分之二的法国士兵因为虱子而染上了一种叫作"斑疹伤寒"的传染病，最终导致死亡。从此开始，拿破仑节节败退，最后被逼退位。

▲从莫斯科逃亡的拿破仑（排头）和法国军队

奇特性

在带有活门的巢穴里伏击猎物

活板门蛛

稀有性　　攻击性

活板门蛛在地面挖一个竖穴，洞顶向上做一扇门，然后潜伏在巢穴中。一旦有猎物靠近，它们就打开门迅速跳上去将猎物拖到巢穴里。用蛛丝做成的活门上面粘有泥土，关上门就很难被发现。

雌蛛的触肢很长，看上去像有10条腿。

用大颚咬住猎物。

栖息地	日本（福岛县以南的本州、四国、九州）

大小	体长13~17 mm（雌性）9~12 mm（雄性）

活板门蛛可以瞬间抓住不小心从活门巢穴前经过的猎物。

蜘蛛目

奇特性

迅速猎杀害虫的蜘蛛

白额高脚蛛

稀有性　　　　攻击性

夜晚时分，白额高脚蛛张开长长的腿在室内快速地四处游走，用大大的螯牙捕食害虫，尤其是蟑螂。它几乎不咬人，对人无毒。

张开长腿在地板、墙壁、屋顶上快速地游走。

用大大的螯牙抓住蟑螂等动物，注入消化液溶解猎物组织后将其吃掉。

栖息地	世界热带、亚热带地区

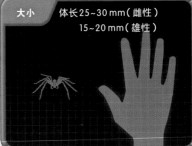

大小	体长25~30 mm（雌性） 15~20 mm（雄性）

146

奇特性

遍布日本各地的毒蜘蛛

红背蜘蛛

稀有性　　攻击性

红背蜘蛛会结网垂下黏丝缠住粘在网中的虫子，通过毒牙将强毒注入猎物体内。人不小心被咬后，如果得不到妥善处理会引发重症。

因其背部有红色的斑纹而得名。

这是它的小触肢。

毒牙很小，注入的毒量也少。

栖息地	日本、大洋洲、东南亚

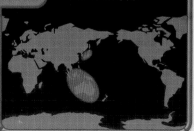

大小	体长7~10 mm（雌性）

10 mm

实物大小

恐怖昆虫档案

这里将本书中出现的昆虫和昆虫以外的节肢动物分类后按照名称首字的音序进行排列并介绍。请大家查找自己感兴趣的昆虫吧。

大小的测量方法

根据昆虫的不同情况采用不同的大小表示方法：包括角或大颚在内的长度为"全长"，头部到腹尾的长度为"体长"，翅膀展开的长度为"翅展"。犀金龟和锹甲类昆虫用"全长"，蝴蝶和飞蛾类昆虫用"翅展"，除此之外的其他昆虫及节肢动物用"体长"来表示。

体长
翅展

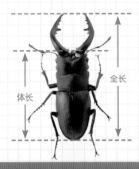
全长
体长

完全变态

白肩天蛾（幼虫） ▶ p.039

分类（目）：鳞翅目　大小：体长约 75 mm（末龄幼虫）

栖息地：中国、日本（本州、四国、九州）、朝鲜半岛、西伯利亚地区

彩虹锹甲 ▶ p.070

分类（目）：鞘翅目　大小：全长 37~70 mm（雄性）

栖息地：澳大利亚、新几内亚岛

茶毒蛾（幼虫） ▶ p.138

分类（目）：鳞翅目　大小：体长约 25 mm（末龄幼虫），翅展 20~35 mm

（成虫）　栖息地：中国、日本（本州、四国、九州）、朝鲜半岛

长戟大兜虫 ► p.066

分类(目)：鞘翅目　大小：全长45~180 mm（雄性）

栖息地：墨西哥南部至南美洲中部、西印度群岛

长颈鹿锯锹 ► p.069

分类(目)：鞘翅目　大小：全长35~118 mm（雄性）

栖息地：东南亚至印度

长颈鹿象鼻虫 ► p.035

分类(目)：鞘翅目　大小：体长14~22 mm

栖息地：马达加斯加

长牙大天牛 ► p.072

分类(目)：鞘翅目　大小：全长100~160 mm（雄性）

栖息地：中美洲至南非南部

大绿青蜂 ► p.129

分类(目)：膜翅目　大小：体长13~19 mm

栖息地：中国（台湾）、日本（本州、四国、九州、南西群岛）

大王象粪蜣螂 ► p.014

分类(目)：鞘翅目　大小：体长约68 mm

栖息地：东南亚至印度

帝蚁蜂

▶ p.009

分类（目）：膜翅目　大小：体长11~13 mm

栖息地：日本（本州、四国、九州）

斗牛犬蚁

▶ p.008

分类（目）：膜翅目　大小：体长14~26 mm（工蚁）

栖息地：澳大利亚

毒隐翅虫

▶ p.015

分类（目）：鞘翅目　大小：体长约7 mm

栖息地：除美洲大陆以外的世界各地

非洲长翅凤蝶

▶ p.086

分类（目）：鳞翅目　大小：翅展约240 mm（雄性），150 mm（雌性）

栖息地：非洲西部至中部

歌利亚大角花金龟

▶ p.071

分类（目）：鞘翅目　大小：体长最长约110 mm

栖息地：非洲中部

海滨大隐翅虫

▶ p.122

分类（目）：鞘翅目　大小：体长16~23 mm

栖息地：日本（北海道、青森县、岩手县靠太平洋一侧）、库页岛

黑脉金斑蝶

▶ p.044

分类（目）：鳞翅目　大小：翅展约100 mm

栖息地：北美至南美北部、西印度群岛、澳大利亚、新西兰

黑食虫虻

▶ p.020

分类（目）：双翅目　大小：体长23~30 mm

栖息地：日本、朝鲜半岛

黑硬象鼻虫

▶ p.074

分类（目）：鞘翅目　大小：体长11~15 mm

栖息地：日本（石垣岛、西表岛）

孑孓、鬼孑孓（白纹伊蚊）

▶ p.118

分类（目）：双翅目　大小：体长约5 mm（孑孓），2.4~3 mm（成虫）

栖息地：世界热带、温带地区

金色蚁巢食蚜蝇

▶ p.132

分类（目）：双翅目　大小：体长约10 mm（末龄幼虫）

栖息地：日本（本州、四国、九州）、朝鲜半岛

巨颚蛇蜻蜓

▶ p.123

分类（目）：广翅目　大小：体长约50 mm

栖息地：北美洲至南美洲中部

完全变态

枯叶夜蛾（幼虫）

▶ p.042

分类（目）：鳞翅目　大小：体长约75 mm（末龄幼虫），翅展 95~105 mm
（成虫）　栖息地：中国、日本、东南亚至印度

马达加斯加金燕蛾

▶ p.087

分类（目）：鳞翅目　大小：翅展约80 mm
栖息地：马达加斯加

马尾茧蜂

▶ p.038

分类（目）：膜翅目　大小：体长15~24 mm
栖息地：中国（台湾、浙江）、日本（本州、四国、九州）

猫蚤

▶ p.141

分类（目）：蚤目　大小：体长2~3 mm
栖息地：世界各地

玫瑰水晶眼蝶

▶ p.088

分类（目）：鳞翅目　大小：翅展约45 mm
栖息地：中美洲至南美洲中部

蒙栎象鼻虫

▶ p.036

分类（目）：鞘翅目　大小：体长6~10 mm
栖息地：中国、日本（本州、四国、九州）、印度

蜜罐蚁

分类（目）：膜翅目　大小：体长约12 mm

栖息地：澳大利亚、北美洲、非洲北部、非洲南部、美拉尼西亚

南洋大兜虫

分类（目）：鞘翅目　大小：全长60~130 mm（雄性）

栖息地：印度尼西亚群岛、马来半岛

拟蛾大灰蝶（幼虫）

分类（目）：鳞翅目　大小：体长约30 mm（末龄幼虫）

栖息地：东南亚至澳大利亚

捻翅虫

分类（目）：捻翅目　大小：体长3~7 mm（雄性），13~30 mm（雌性）

栖息地：中国、日本、越南

球果尺蛾（幼虫）

分类（目）：鳞翅目　大小：体长约40 mm（末龄幼虫）

栖息地：夏威夷群岛

日本虎甲

分类（目）：鞘翅目　大小：体长18~20 mm

栖息地：日本（本州、四国、九州）

完全变态

日本黄胡蜂

▶ p.128

分类（目）：膜翅目　大小：体长17~26 mm
栖息地：日本（北海道至九州、屋久岛）

日本食蜗步甲
▶ p.030

分类（目）：鞘翅目　大小：体长30~70 mm
栖息地：日本（北海道至九州）

三叶虫红萤（雌性）
▶ p.076

分类（目）：鞘翅目　大小：体长65~75 mm（雌性）
栖息地：东南亚

桑氏平头蚁
▶ p.092

分类（目）：膜翅目　大小：体长约5 mm
栖息地：马来西亚、文莱

山原长臂金龟
▶ p.034

分类（目）：鞘翅目　大小：体长47~62 mm（雄性）
栖息地：日本（冲绳岛北部）

圣蜣螂
▶ p.012

分类（目）：鞘翅目　大小：体长约30 mm
栖息地：地中海沿岸

疏长背泥蜂

▶ p.130

分类（目）：膜翅目　大小：体长15~18 mm

栖息地：中国、日本（关东地区以西的本州、四国、九州）、朝鲜半岛

铁道虫

▶ p.032

分类（目）：鞘翅目　大小：体长约30 mm（雌性）

栖息地：巴西

突眼蝇

▶ p.096

分类（目）：双翅目　大小：体长约5 mm

栖息地：中国、日本（石垣岛、西表岛）、东南亚

乌桕大蚕蛾

▶ p.046

分类（目）：鳞翅目　大小：翅展 约185 mm（雄性），约200 mm（雌性）

栖息地：中国、日本（八重山群岛）、印度、喜马拉雅地区

小提琴步甲

▶ p.073

分类（目）：鞘翅目　大小：体长60~80 mm

栖息地：马来半岛、苏门答腊岛、加里曼丹岛、爪哇岛

蚁狮（蚁蛉幼虫）

▶ p.134

分类（目）：脉翅目　大小：体长约12 mm（末龄幼虫），翅展75~83 mm（成虫）　栖息地：中国、日本、朝鲜半岛

萤火虫（小真菌蚋幼虫）

▶ p.094

分类（目）：双翅目　大小：体长约30 mm（末龄幼虫）

栖息地：澳大利亚、新西兰

源氏萤

▶ p.120

分类（目）：鞘翅目　大小：体长10~16 mm

栖息地：日本（本州、四国、九州）

圆胸短翅芫菁

▶ p.016

分类（目）：鞘翅目　大小：体长12~30 mm

栖息地：中国、日本、库页岛、朝鲜半岛

白带尖胸沫蝉（幼虫）

▶ p.052

分类（目）：半翅目　大小：体长约8 mm（末龄幼虫），11~12 mm（成虫）

栖息地：中国、日本（北海道至九州）、朝鲜半岛、西伯利亚地区

碧蛾蜡蝉（幼虫）

▶ p.051

分类（目）：半翅目　大小：体长约5 mm（末龄幼虫）

栖息地：中国、日本（本州至南西群岛）、朝鲜半岛

负子蝽

▶ p.112

分类（目）：半翅目　大小：体长48~65 mm

栖息地：中国、日本、朝鲜半岛

怪物旱地沙螽　▶ p.058

分类（目）：直翅目　大小：体长约100 mm

栖息地：印度尼西亚

黑岩蝉　▶ p.050

分类（目）：半翅目　大小：体长18~23 mm

栖息地：日本（冲绳岛、久米岛）

巨扁竹节虫　▶ p.077

分类（目）：竹节虫目　大小：体长150~180 mm（雌性）

栖息地：东南亚

巨圆臀大蜓　▶ p.116

分类（目）：蜻蜓目　大小：体长82~114 mm

栖息地：中国、日本

兰花螳螂　▶ p.078

分类（目）：螳螂目　大小：体长约45 mm（末龄幼虫），约70 mm（雌性成虫）　栖息地：东南亚

蝼蛄　▶ p.005

分类（目）：直翅目　大小：体长30~35 mm

栖息地：亚洲部分地区、欧洲、非洲北部、澳大利亚

马达加斯加齿脊蝗
▶ p.004

分类（目）：直翅目　大小：体长约 70 mm

栖息地：马达加斯加

魔花螳螂
▶ p.002

分类（目）：螳螂目　大小：体长 100~130 mm

栖息地：非洲东部

拟蚁角蝉
▶ p.080

分类（目）：半翅目　大小：体长约 5 mm

栖息地：北美洲南部至南美洲

人虱
▶ p.140

分类（目）：啮虫目　大小：体长 1.5~3.5 mm

栖息地：世界各地

沙漠蝗虫
▶ p.102

分类（目）：直翅目　大小：体长 40~60 mm

栖息地：非洲西部至印度北部

士兵蚜虫
▶ p.018

分类（目）：半翅目　大小：体长约 1.5 mm

栖息地：日本

水虿（碧伟蜓）

▶ p.114

分类（目）：蜻蜓目　大小：体长约50 mm（末龄幼虫），约70 mm（成虫）

栖息地：中国、日本

提灯蜡蝉

▶ p.084

分类（目）：半翅目　大小：体长80~100 mm

栖息地：中美洲至南美洲北部

西花蓟马

▶ p.056

分类（目）：缨翅目　大小：体长1~1.5 mm

栖息地：除高温地带以外的世界各地

圆蠊

▶ p.057

分类（目）：蜚蠊目　大小：体长11~12 mm（雌性）

栖息地：中国（台湾）、日本（九州南部至南西群岛）

衣鱼

▶ p.133

分类（目）：缨尾目　大小：体长约10 mm

栖息地：中国、日本、印度尼西亚、印度

阿拉伯避日蛛

▶ p.108

分类（目）：避日目　大小：体长约150 mm

栖息地：非洲北部至中东

白额高脚蛛

▶ p.146

分类（目）：蜘蛛目　大小：体长25~30 mm（雌性），15~20 mm（雄性）

栖息地：世界热带、亚热带地区

秘鲁巨人蜈蚣

▶ p.098

分类（目）：蜈蚣目　大小：体长200~400 mm

栖息地：巴西至秘鲁

龟形花蜱

▶ p.024

分类（目）：蜱螨目　大小：体长约5 mm（吸血后约25 mm）

栖息地：中国、日本南部、东南亚

红背蜘蛛

▶ p.147

分类（目）：蜘蛛目　大小：体长7~10 mm（雌性）

栖息地：日本、大洋洲、东南亚

活板门蛛

▶ p.144

分类（目）：蜘蛛目　大小：体长13~17 mm（雌性），9~12 mm（雄性）

栖息地：日本（福岛县以南的本州、四国、九州）

日本长脚盲蛛

▶ p.060

分类（目）：盲蛛目　大小：体长3~4 mm

栖息地：日本（北海道至九州）

日本红螯蛛 ▶ p.022

分类（目）: 蜘蛛目　大小 : 体长10~15 mm (雄性), 18~20 mm (雌性)
栖息地 : 日本 (北海道至九州)

水蛛 ▶ p.124

分类（目）: 蜘蛛目　大小 : 体长9~15 mm (雌性), 10~12 mm (雄性)
栖息地 : 日本 (北海道至九州)、欧洲

斯氏盾鞭蝎 ▶ p.061

分类（目）: 鞭蝎目　大小 : 体长40~50 mm
栖息地 : 日本 (九州南部至冲绳群岛、八丈岛)

坦桑尼亚鞭蛛 ▶ p.062

分类（目）: 无鞭目　大小 : 体长约30 mm
栖息地 : 非洲中部至南部

以色列金蝎 ▶ p.106

分类（目）: 蝎目　大小 : 体长50~110 mm
栖息地 : 非洲北部至中东

图书在版编目（CIP）数据

恐怖昆虫大百科 /（日）冈岛秀治主编 ; 李文娟译
. -- 南昌 : 二十一世纪出版社集团，2022.1（2023.12 重印）
（危险揭秘百科图鉴）
ISBN 978-7-5568-6265-8

Ⅰ . ①恐… Ⅱ . ①冈… ②李… Ⅲ . ①昆虫 – 少儿读
物 Ⅳ . ① Q96-49

中国版本图书馆 CIP 数据核字 (2021) 第 193808 号

SaikyoukonchuuDaihyakka
© Gakken
First published in Japan 2017 by Gakken Plus Co., Ltd., Tokyo
Simplified Chinese translation rights arranged with Gakken Plus Co., Ltd.
through Future View Technology Ltd.

版权合同登记号：14-2019-0133
审图号：GS（2020）2880 号

危险揭秘百科图鉴·恐怖昆虫大百科
WEIXIAN JIEMI BAIKE TUJIAN · KONGBU KUNCHONG DA BAIKE　　[日]冈岛秀治/主编　李文娟/译　彭英传/审订

出 版 人	刘凯军	
编辑统筹	方　敏	
责任编辑	江　萌	
出版发行	二十一世纪出版社集团	
	（江西省南昌市子安路 75 号　330025）	
网　　址	www.21cccc.com	
承　　印	南昌市红星印刷有限公司	
开　　本	787 mm × 1092 mm　1/32	
印　　张	5.5	
字　　数	140 千字	
版　　次	2022 年 1 月第 1 版	
印　　次	2023 年 12 月第 3 次印刷	
印　　数	16 001~21 000 册	
书　　号	ISBN 978-7-5568-6265-8	
定　　价	32.00 元	

赣版权登字 -04-2021-788　　　**版权所有，侵权必究**

购买本社图书，如有问题请联系我们：扫描封底二维码进入官方服务号。
服务电话：0791-86512056（工作时间可拨打）；服务邮箱：21sjcbs@21cccc.com。